最想编织系列
妈妈最想织的宝宝毛衣

张翠 主编

辽宁科学技术出版社
·沈阳·

编组人员：

刘晓瑞	田伶俐	林锦花	尼尼卡	夜猫子	猪猪妈	清雁妈	玩线线	鱼儿跃	丽海堂
水中漂	琛月儿	海豚儿	清雁妈	鱼儿飞	沈弱柳	红茶语	黄金眼	小龙女	婵之羽
淡水鱼	郎琴	玥玥	盼着	晶晶	静静	理想	随心	天涯	娴闲
陈春	贝贝	毛毛	陈诺	陈跃	叶梅	叮当	梦琦	糖水	舞衫
抹茶	空灵	雨滴	雪函	飞雪	依梦	玫玫	唯一	小草	喵喵
小鱼儿	真善美	甜蜜蜜	无名指	阳光	心灵	轩荧	明月心	淡如水	兰欣
多多宝贝	紫色白狐	我爱手工	心灵印记	雨后百合	林海雪原	雪山飞狐	一丝温柔		
清风细细	人淡如菊	荷塘月色	黑猫不睡	时尚编织坊					

图书在版编目（CIP）数据

妈妈最想织的宝宝毛衣 / 张翠主编. —沈阳：辽宁科学技术出版社，2013.11

（最想编织系列）

ISBN 978-7-5381-8242-2

Ⅰ. ①妈…　Ⅱ. ①张…　Ⅲ. ①童服—毛衣—手工编织—图集　Ⅳ. ①TS941.763.1-64

中国版本图书馆CIP数据核字（2013）第198072号

出版发行：辽宁科学技术出版社
　　　　　（地址：沈阳市和平区十一纬路29号　邮编：110003）
印 刷 者：利丰雅高（深圳）印刷有限公司
经 销 者：各地新华书店
幅面尺寸：210mm×285mm
印　　张：7.5
字　　数：200千字
印　　数：1～8000
出版时间：2013年11月第1版
印刷时间：2013年11月第1次印刷
责任编辑：赵敏超
封面设计：张　翠
版式设计：张　翠
责任校对：李淑敏

书　　号：ISBN 978-7-5381-8242-2
定　　价：26.80元

联系电话：024-23284367
邮购热线：024-23284502
E-mail：473074036@qq.com
http://www.lnkj.com.cn

目 录

关于毛衣

衣长：38cm
线材选择：红色、黑色羊毛线 400g

适合宝宝

身高：90~96cm
体重：25kg
年龄：2 岁

🐤 制作方法：P65

卡哇依背心装

简单的针法编织，黑色与大红色的完美搭配，衣身最惹人注目的要数三个球球的点缀了，煞是有趣。

荷叶领长袖装

波浪式的荷叶领编织，树叶花的针法搭配，
领口处系带的设计更好地起到了收缩的效果。

关于毛衣

衣长：39cm
线材选择：红色羊毛线 400g，纽扣 5 枚，
毛线编织绳 1 根

适合宝宝

身高：98~102cm
体重：20kg
年龄：5 岁

制作方法：P66

宫廷风小·外套

玫红色搭配金色的蛋糕似的衣摆，可爱的娃娃领设计搭配水晶透明的纽扣，头戴一朵小帽花，宫廷风样式，让宝宝气质十足。

关于毛衣

衣长：34cm
线材选择：红色、深褐色羊毛线各300g，
　　　　　纽扣5枚

适合宝宝

身高：90~96cm
体重：15kg
年龄：2岁

🐤 制作方法：P67

云朵毛衣

红色的衣身上点缀一朵朵洁白的云朵十分的清新靓丽，兔子耳朵似的发饰更好地体现了小孩子的纯真。

关于毛衣

衣长：29cm
线材选择：红色圈圈绒线350g，白色圈圈绒线适量

适合宝宝

身高：90~96cm
体重：15kg
年龄：2岁

制作方法：P68

娃娃领长袖装

黄色娃娃领，搭配绿色的衣身，撞色的线材搭配，与时尚同步。搭配一件时尚的紧身打底裤也是不错的选择哦。

关于毛衣

衣长：40cm
线材选择：绿色圈圈绒线350g，
　　　　　黄色圈圈绒线40g

适合宝宝

身高：94~98cm
体重：16kg
年龄：3岁

制作方法：P69

关于毛衣

衣长：37cm
线材选择：红色圈圈绒线 100g，咖啡色
　　　　　线 100g，米色线 60g

适合宝宝

身高：94~98cm
体重：16kg
年龄：3 岁

制作方法：P70

三色圆领装

此款毛衣以米黄色、砖红色、咖啡色三种颜色配色编织而成，撞色的设计，更能让你的宝宝秀出时尚。

蛋糕领短袖

此款短袖装搭配一件黑色的蕾丝打底裤显得十分的秀气可人，蛋糕似的袖口设计更是别具一格。

关于毛衣
衣长：38cm
线材选择：红色段染线 400g

适合宝宝
身高：98~102cm
体重：20kg
年龄：5 岁

制作方法：P71

经典配色毛衣

此款毛衣款式简洁大方，颜色的变换也可以适合男孩子的穿着，搭配一件牛仔长裤也很不错。

关于毛衣

衣长：45cm
线材选择：粉红色羊毛线等各适量

适合宝宝

身高：99~108cm
体重：25kg
年龄：6岁

制作方法：P72

关于毛衣

衣长：37cm
线材选择：粉色棉线 400g

适合宝宝

身高：99~108cm
体重：25kg
年龄：6 岁

制作方法：P73

连帽背心装

粉红色搭配时尚的麻花花样，这样的一件背心装非
常适合学生穿着，搭配一件时尚的小花短裤也能引
领时尚的潮流哦。

韩版圆领装

宽松的样式，宝宝穿着起来也十分的舒适，搭配一件蕾丝小纱裙，一双公主鞋，公主范儿十足哦。

关于毛衣

衣长：33cm
线材选择：红色、绿色羊毛线 400g，白色线少许，毛线腰带 1 根。

适合宝宝

身高：94~98cm
体重：16kg
年龄：3岁

制作方法 P74

关于毛衣

衣长：30cm

线材选择：小鸡黄毛线200g，纽扣5枚

适合宝宝

身高：94~98cm

体重：16kg

年龄：3岁

制作方法：P75

立领小·背心

此款背心款式十分的独特，衣领的编织形成了大气的立领，衣身编织的波浪式花样与菱形花样更是别具特色。

关于毛衣

衣长：40cm
线材选择：紫红色羊毛线 650g

适合宝宝

身高：98~102cm
体重：20kg
年龄：5 岁

制作方法：P76~77

紫色连帽装

大气的紫色搭配一件黑色纱裙，显得
气质十足，衣襟处的系带设计更是显
得别有风范。

大红开衫外套

此款开衫最适合作为春秋时节的必备单品了，简约的款式，流畅的线条设计，搭配一件蕾丝的小纱裙相信也是很不错的选择。

关于毛衣

衣长：38cm
线材选择：红色羊毛线400g，纽扣5枚

适合宝宝

身高：98~102cm
体重：20kg
年龄：5岁

制作方法：P78

韩式长袖装

深深的灰色搭配几朵精致的小钩花，可谓是锦上添花，衣身扇形花样的编织给衣服增色不少。

关于毛衣

衣长：52cm
线材选择：灰色羊毛线 400g

适合宝宝

身高：99~108cm
体重：25kg
年龄：6 岁

制作方法：P79

19

关于毛衣

衣长：45.5cm
线材选择：灰黑色羊毛线 650g

适合宝宝

身高：99~108cm
体重：25kg
年龄：6 岁

🐤 制作方法：P80~81

气质小·开衫

段染的线材让衣服时尚感十足，搭配一件紧身的黑色丝袜，也能让你的宝宝成为时尚的焦点。

关于毛衣

衣：24cm
线材选择：红色羊毛线300g

适合宝宝

身高：99~108cm
体重：25kg
年龄：6岁

制作方法：P82

红色糖果衣

爱编织的妈妈们，都想拥有一件这样的糖果衣，简单实用，很多宝宝也都喜欢，搭配一件连衣裙或者小短裤都能穿出不一样的风格。

关于毛衣

衣长：37cm
线材选择：红色羊毛线 400g，白色线少许

适合宝宝

身高：99~108cm
体重：25kg
年龄：6 岁

制作方法：P83

小·驴子斗篷

此款斗篷的帽子编织的是一只可爱的驴子，两只眼睛忽闪忽
闪煞是有趣，红色的衣身搭配白色的衣边，显得井然有序。

关于毛衣

衣长：43cm
线材选择：绿色羊毛线400g，纽扣2枚

适合宝宝

身高：99~108cm
体重：25kg
年龄：6岁

🐤 制作方法：P84

绿色小·清新装

清新的绿色搭配时尚的花短裤，内搭一件纯色的T恤，这样的一身装扮相信走在哪里都能成为焦点。

粉色蝙蝠衫

菱形花样的编织，搭配可爱的珍珠花花样，简约的蝙蝠衫款式内搭一件修身的T恤也是很不错的。

关于毛衣

衣长：40cm
线材选择：粉色羊毛线 200g

适合宝宝

身高：100~110cm
体重：28kg
年龄：7岁

制作方法：P85

关于毛衣

衣长：52cm
线材选择：粉红色羊毛线 400g

适合宝宝

身高：99~108cm
体重：25kg
年龄：6 岁

制作方法：P86

气质圆领装

此款短袖最大的特色在于领口的花样编织，树叶形的花样给衣服增加了不少青春的活力。

关于毛衣

衣长：45cm
线材选择：白色、绿色羊毛线各 200g,
紫色线等少许，纽扣 5 枚

适合宝宝

身高：99~108cm
体重：25kg
年龄：6 岁

活力娃娃装

制作方法：P87

衣身以白色和墨绿色为主，两片门襟编织的娃娃图
案给衣服增加了不少的活力，这样的一件学生装相
信很多小朋友都会爱上的。

关于毛衣

衣长：45cm
线材选择：鲜红色兔绒线 500g

适合宝宝

身高：99~108cm
休重：25kg
年龄：6岁

制作方法：P88~89

精品红色毛衣

此款毛衣采用的是兔绒线，软绵绵的给人一种舒适的感觉，精致的八瓣花样编织让衣服厚重感十足，作为冬装也是很合适的。

KITTY 图案毛衣

如果你也是 KITTY 控，这样的一件毛衣相信一眼就能打动你，领口袖口相呼应的花样编织给衣服提色不少。

关于毛衣

衣长：44cm
线材选择：红色羊毛线 400g，
　　　　　蓝色线等少许

适合宝宝

身高：99~108cm
体重：25kg
年龄：6 岁

制作方法：P90

关于毛衣

衣长：39cm
线材选择：红色羊毛线400g，纽扣3枚

适合宝宝

身高：99~108cm
体重：25kg
年龄：6岁

制作方法：P91

连帽休闲毛衣

此款毛衣采用的是喜庆的大红色，充满着活力，连帽的设计加上帽子上小球球的搭配，休闲风十足。

关于毛衣

衣长：52cm
线材选择：粉色羊毛线 400g

适合宝宝

身高：100~110cm
体重：28kg
年龄：7岁

制作方法 P92

个性背心裙

V形的领口设计，衣身口袋的创意编织，这样的一件
背心不仅能穿出时尚，更能透露出无限的青春活力。

关于毛衣
衣长：51cm
线材选择：粉色羊毛线 300g

适合宝宝
身高：99-108cm
体重：25kg
年龄：6 岁

粉色短袖裙

制作方法：P93～94

每个爱美的女孩子相信都会有一个粉色的公主梦，
这样的一件短袖装简洁大方，收腰的设计更是让衣
身的线条得以完美地展现。

韩式长袖装

鲜艳的玫红色，宽松的款式设计，衣身彩带的点缀，这样的一件韩版长袖毛衣作为休闲运动时的服装相信也能让你毫无拘束感。

关于毛衣

衣长：44cm
线材选择：粉红色羊毛线400g，黑色、灰色线少许，纽扣3枚，丝带1条

适合宝宝

身高：99~108cm
体重：25kg
年龄：6岁

制作方法：P95

连帽休闲卫衣

看惯了实体店的时装款卫衣，再试试妈妈亲手编织的卫衣，相信又是一种感受，同样的时装款，同样的色彩，更多了妈妈的爱。

关于毛衣

衣长：42cm
线材选择：玫红色羊毛线 200g

适合宝宝

身高：100~110cm
体重：25kg
年龄：7 岁

制作方法：P96

简约爱心背心

此款背心采用的是最简单的上下针编织方法，款式也是十分的大气，背心后片心形图案的编织给衣服增添了些许色彩。

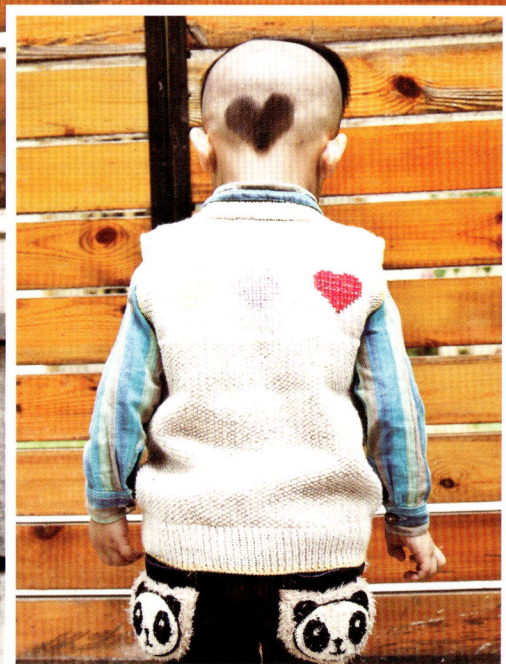

关于毛衣

衣长：38cm

线材选择：白色羊毛线 400g，
　　　　　黄色线等各少许

适合宝宝

身高：90~96cm

体重：17kg

年龄：3岁

制作方法：P97

经典小·开衫

段染线材的选择，搭配精致图案的编织，还有很多妈妈都想编织的插肩袖款式，小朋友穿起来帅气十足。

关于毛衣

衣长：33cm
线材选择：黑色棉线50g，绿色、蓝色棉线各少量，纽扣6枚

适合宝宝

身高：90~96cm
体重：17kg
年龄：3岁

🐤 制作方法：P98~99

紫色插肩袖装

简单的插肩袖款式，修身的款式设计，这样的一款毛衣作为打底衫也是相当不错的哦。

关于毛衣

衣长：30cm
线材选择：浅紫色羊毛线 400g，纽扣 3 枚

适合宝宝

身高：90~96cm
体重：17kg
年龄：3 岁

制作方法：P100

关于毛衣

衣长：39cm
线材选择：灰色羊毛线200g，黑色线少许

适合宝宝

身高：90~96cm
体重：17kg
年龄：3岁

制作方法：P101

V领小·背心

简单时尚的V领搭配一件潮气十足的格子衬衣，再
搭一件休闲风的休闲裤，也是学生范儿十足的哦。

老虎图案毛衣

此款毛衣最大的特色要数衣身片老虎图案的编织了，三只可爱的老虎惟妙惟肖。

关于毛衣

衣长：40cm
线材选择：绿色羊毛线 400g，红色、黄色线各少许，纽扣 5 枚

适合宝宝

身高：101~108cm
体重：30kg
年龄：6 岁

制作方法：P102

音乐图案毛衣

跟着音乐的旋律一起跳动起来吧，时尚的立领搭配黑色与蓝色的音乐音符，这样的一件潮款毛衣你也值得拥有哦。

关于毛衣

衣长：41.5cm
线材选择：灰色羊毛线350g，黑色、蓝色羊毛线适量

适合宝宝

身高：90~96cm
体重：17kg
年龄：3 岁

制作方法：P103

配色条纹开衫

黄色、咖啡色搭配经典的米白色，条纹的配色编织，
看似时尚范儿的斑马条纹，搭配一条简约的牛仔裤
也是十分的帅气。

关于毛衣

衣长：38.5cm
线材选择：白色羊毛线 150g，咖啡色羊毛线 100g，
橘黄色羊毛线 50g，黄色羊毛线 50g，纽扣 5 枚

适合宝宝

身高：90~96cm
体重：17kg
年龄：3 岁

制作方法：P104

高领麻花毛衣

帅气的高领，搭配经典的麻花花样，这样的一件毛衣作为冬季的打底毛衣，相信宝宝再也不用担心受冻了哦。

关于毛衣

衣长：31cm
线材选择：淡紫色羊毛线4股，300g，纽扣2枚

适合宝宝

身高：90~96cm
体重：17kg
年龄：3岁

制作方法：P105

菱形花样开衫

此款毛衣采用的是时下最流行的黄色线材的编织，简约的 V 领，搭配时尚的几何图案的编织，简单中透露着些许帅气。

关于毛衣

衣长：39cm
线材选择：黄色羊毛线 400g，白色线等少许，装饰图标 1 枚

适合宝宝

身高：101~108cm
体重：30kg
年龄：6 岁

🐤 **制作方法：P106**

配色经典毛衣

灰色搭配黑色再加上小片的白色，
搭配一件潮流的衬衣，相信也是
非常不错的。

关于毛衣

衣长：36cm
线材选择：灰色、白色、黑色羊毛线各 100g

适合宝宝

身高：90~96cm
体重：17kg
年龄：3岁

制作方法：P110

53

运动型男孩装

此款毛衣最引人注目的要数衣身编织的两个小人了，搭配一件修身的休闲裤以及一双白色的球鞋也是很酷的哦。

关于毛衣

衣长：43cm
线材选择：灰色毛线 150g，
　　　　　咖啡色毛线 110g，
　　　　　红色毛线 20g，
　　　　　绿色毛线 20g，
　　　　　纽扣 3 枚

适合宝宝

身高：101~108cm
体重：30kg
年龄：6 岁

制作方法：P111

54

关于毛衣

衣长：46cm
线材选择：白色、蓝色、藕色羊毛线 400g，
　　　　　黑色线少许，纽扣 3 枚

适合宝宝

身高：98~104cm
体重：25kg
年龄：5 岁

制作方法：P112

条纹 V 领衫

白色、蓝色、黑色和藕色，四色的搭配让整件毛衣
顿时活力四射，搭配一件牛仔裤也是很不错的。

创意图案毛衣

此款毛衣以绿色为主，作者匠心独运以简单的几何
图形编织出了一只可爱的熊猫图案，煞是有趣。

关于毛衣

衣长：40cm
线材选择：绿色羊毛线400g，白色线等少许

适合宝宝

身高：98~104cm
体重：25kg
年龄：5岁

制作方法：P113

关于毛衣

衣长：32cm
线材选择：红色毛线 150g，
　　　　　灰色线 150g，
　　　　　白色线少许

适合宝宝

身高：90~96cm
体重：17kg
年龄：3岁

制作方法：P114

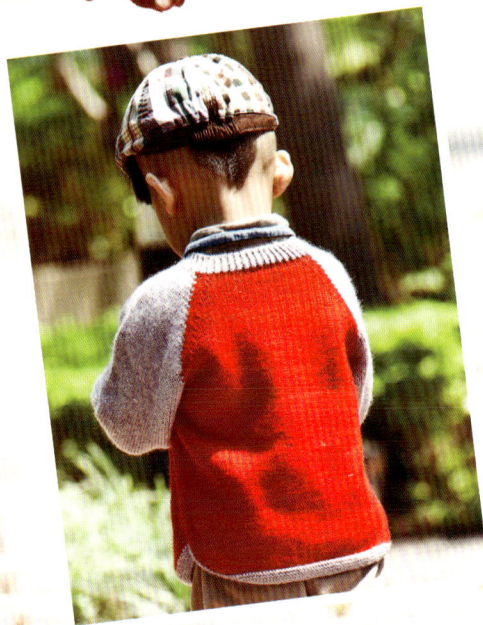

小·猫插肩袖毛衣

浅灰色与大红色的配色编织，错落感十足，
搭配一件简单的打底衬衣和时尚的休闲裤
也是很不错的。

扭"8"花样毛衣

此款毛衣的全部编织都是厚实的扭"8"花样，让毛衣厚重感十足，作为冬季的打底衫是再合适不过了的。

关于毛衣

衣长：42cm
线材选择：深褐色羊毛线 400g

适合宝宝

身高：98~104cm
体重：25kg
年龄：5岁

制作方法：P115

精致连帽装

米白的色彩搭配灰色的衣边，显得十分的小清新，宝宝穿起来相信也是十分的萌哦。

关于毛衣

衣长：28cm
线材选择：米白色羊毛线 400g，灰色线少许，
　　　　　纽扣 4 枚

适合宝宝

身高：90~96cm
体重：17kg
年龄：3 岁

制作方法：P116~117

休闲风开衫

此款开衫作为小朋友春秋时节的外套是再合适不过了的，内搭一件简单的 T 恤，相信穿着起来也是十分的大气。

关于毛衣

衣长：44cm
线材选择：灰色羊毛线 200g，拉链 1 条

适合宝宝

身高：98~104cm
体重：25kg
年龄：5 岁

制作方法：P118

关于毛衣

衣长：42cm
线材选择：黑色、红色、夹花米白色羊毛线
　　　　　等各适量

适合宝宝

身高：98~104cm
体重：25kg
年龄：5 岁

制作方法：P119

几何图案毛衣

此款毛衣最具特色的要数衣身三种颜色图案的
编织了，显得很有层次感。

关于毛衣

衣长：45cm
线材选择：绿色羊毛线 400g

适合宝宝

身高：98~104cm
体重：25kg
年龄：5 岁

制作方法：P120

绿色麻花装

此款毛衣简约大气，衣身编织的麻花花样是当下编织毛衣最流行的花样，搭配一件休闲的牛仔裤也是很不错的。

卡哇依背心装

【成品规格】 衣长38cm，下摆宽28cm，肩宽 25cm

【工　　具】 10号棒针，缝衣针

【编织密度】 26针×44行=10cm²

【材　　料】 红色、黑色羊毛线400g

编织要点:

1. 毛衣用棒针编织，由1片前片、1片后片组成，从下往上编织。毛衣的下摆边。

2. 先编织前片。

(1) 用机器边起针法，起72针，先织18行双罗纹后，改织全下针，并左右对称配色，侧缝不用加减针，织80行至袖窿。

(2) 袖窿以上的编织。两边袖窿减4针，方法是每2行减

1针减4次，各减4针，余下针数不加不减织66行至肩部。

(3) 同时从袖窿算起织至36行时，开始开领窝，中间平收18针，然后两边减10针，方法是每2行减1针减10次，共减10针，不加不减织14行至肩部余13针。

3. 编织后片。

(1) 袖窿和袖窿以下的编织方法与前片袖窿一样。

(2) 同时从袖窿算起织至64行时，开始领窝减3针，中间平收32针，然后两边减3针，方法是每2行减1针减3次，织至肩部余13针。

4. 缝合。将前片的侧缝与后片的侧缝对应缝合。前片的肩部与后片的肩部缝合。

5. 编织袖口。两边袖口挑92针，环织8行双罗纹。

6. 领子编织。领圈边挑108针，环织8行双罗纹，形成圆领。

7. 编织3个装饰片，起12针，织14行，其中均匀把5针适当拉长，并在起针处把所有针数索紧，缝到前片上，毛衣编织完成。

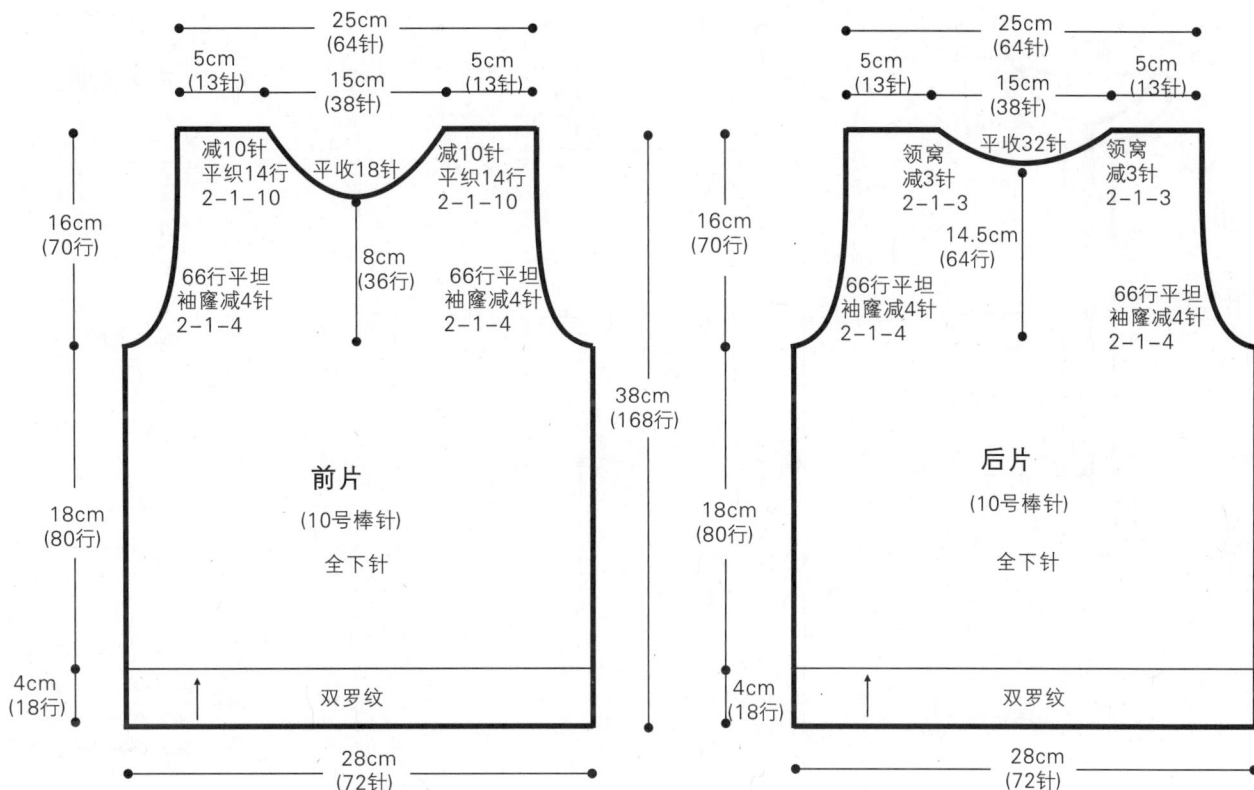

前片图：
25cm（64针）
5cm（13针）　15cm（38针）　5cm（13针）
减10针 平织14行 2-1-10　平收18针　减10针 平织14行 2-1-10
16cm（70行）
8cm（36行）
66行平坦 袖窿减4针 2-1-4　66行平坦 袖窿减4针 2-1-4
38cm（168行）
18cm（80行）
前片（10号棒针）全下针
4cm（18行）　双罗纹
28cm（72针）

后片图：
25cm（64针）
5cm（13针）　15cm（38针）　5cm（13针）
领窝减3针 2-1-3　平收32针　领窝减3针 2-1-3
16cm（70行）
14.5cm（64行）
66行平坦 袖窿减4针 2-1-4　66行平坦 袖窿减4针 2-1-4
38cm（168行）
18cm（80行）
后片（10号棒针）全下针
4cm（18行）　双罗纹
28cm（72针）

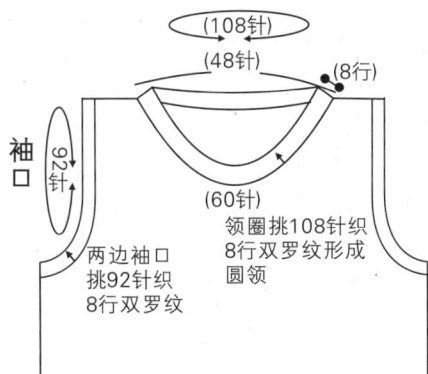

（108针）
（48针）
（8行）
袖口
92针
（60针）
领圈挑108针织8行双罗纹形成圆领
两边袖口挑92针织8行双罗纹

双罗纹
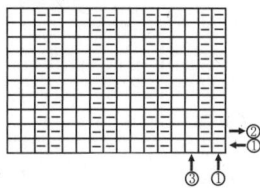

全下针
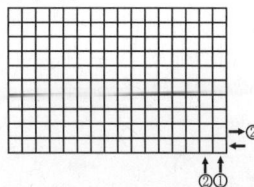

符号说明:

□　上针

□=□　下针

2-1-3行-针-次
↑ 编织方向

荷叶领长袖装

【成品规格】 衣长39cm，下摆宽30cm，连肩袖长39cm

【工　　具】 10号棒针，缝衣针

【编织密度】 26针×34行=10cm²

【材　　料】 红色羊毛线400g，纽扣5枚，毛线编织绳子1根

编织要点:

1. 毛衣用棒针编织，由2片前片、1片后片、2片袖片组成，从上往下编织。

2. 先织肩部环形部分，从领口织起，领口用下针起针法起96针，片织花样A，按花样A加针，织完44行花样A后，总数为262针，环形部分完成。

3. 开始分出2片前片，1片后片和2片袖片。

(1) 前片编织，分左前片和右前片编织。左前片，分出36针，在袖窿处加4针为40针，编织花样B，侧缝不用加减针，织至74行时，改织14行单罗纹，收针断线。同样方法，反方向编织右前片。

(2) 后片编织，分出70针，在两边袖窿处各加4针为78针，编织花样B，侧缝不用加减针，织至74行时，改织14行单罗纹，收针断线。

(3) 袖片编织，左袖片分出60针，两边各加4针为68针，编织花样B，袖下减针，方法是每6行减1针减12次，织至74行时，改织14行单罗纹，收针断线。同样方法编织右袖片。

4. 缝合，将两前片的侧缝和后片的侧缝缝合。两袖片的袖下分别缝合。

5. 两边门襟分别挑120针，织12行单罗纹，右边门襟按图均匀地开扣眼。

6. 领圈边挑96针，先织8行单罗纹，再改织8行全下针，自然形成荷叶领。

7. 用缝衣针缝上纽扣，穿好毛线编织的绳子用于装饰。毛衣编织完成。

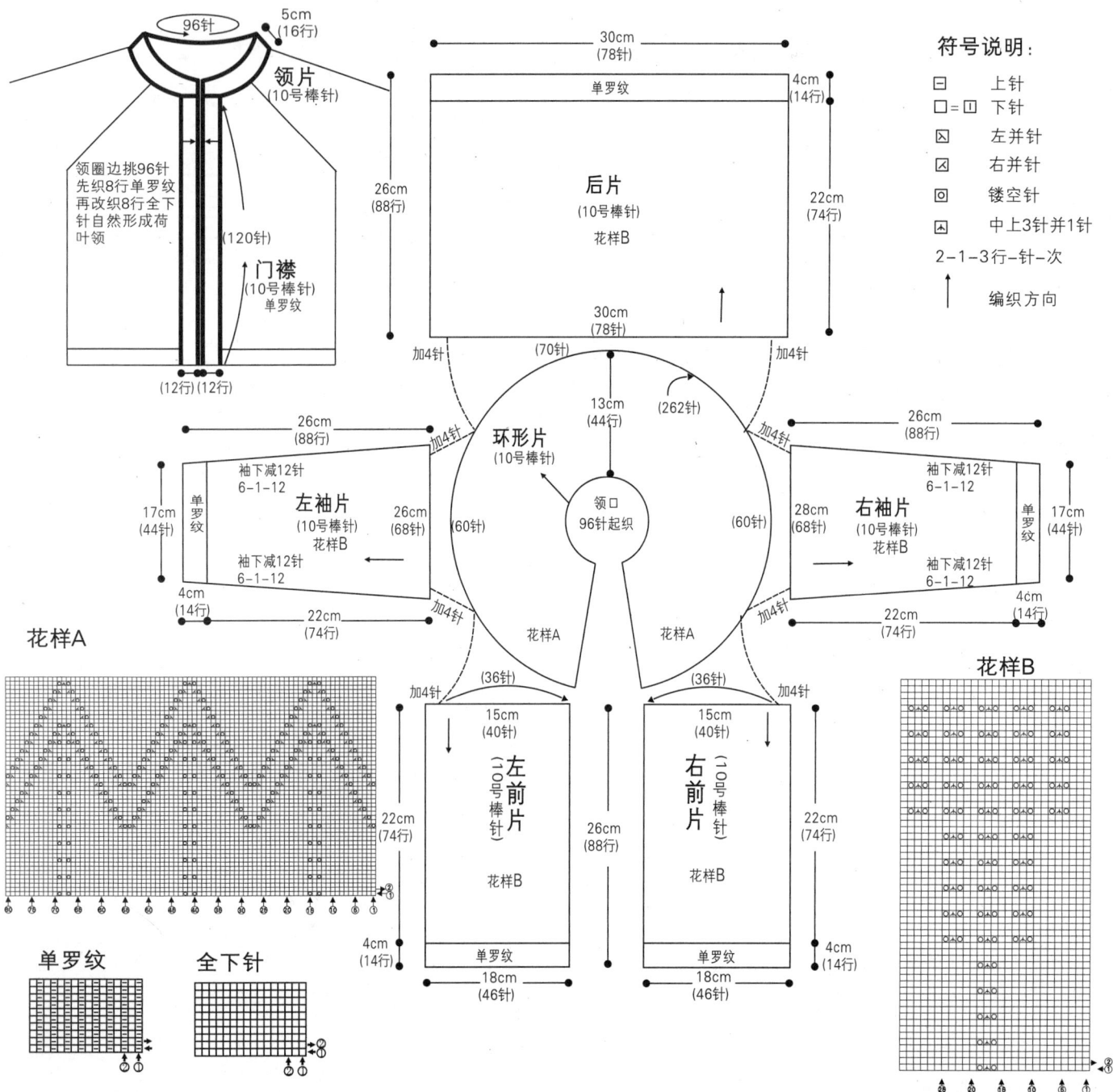

领片
（10号棒针）

96针
5cm（16行）

领圈边挑96针
先织8行单罗纹
再改织8行全下针自然形成荷叶领

门襟
（10号棒针）
单罗纹
（120针）

（12行）（12行）

26cm（88行）

后片
（10号棒针）
花样B

30cm（78针）
单罗纹 4cm（14行）
22cm（74行）

30cm（78针）

加4针　（70针）　加4针

环形片
（10号棒针）

13cm（44行）　（262针）

领口
96针起织

符号说明:

□	上针
□ = 1	下针
左斜	左并针
右斜	右并针
▣	镂空针
▲	中上3针并1针

2-1-3行-针-次

↑ 编织方向

26cm（88行）
加4针

左袖片
（10号棒针）
花样B

袖下减12针 6-1-12
17cm（44行）单罗纹
26cm（68针）　（60针）
袖下减12针 6-1-12
4cm（14行）
22cm（74行）
加4针

26cm（88行）
加4针

右袖片
（10号棒针）
花样B

袖下减12针 6-1-12
28cm（68针）
袖下减12针 6-1-12
17cm（44行）单罗纹
4cm（14行）
22cm（74行）
加4针

（60针）

花样A　花样A

加4针　（36针）　（36针）　加4针

花样A

花样A

15cm（40针）
左前片
（10号棒针）
花样B

15cm（40针）
右前片
（10号棒针）
花样B

22cm（74行）
26cm（88行）
22cm（74行）

单罗纹
4cm（14行）
18cm（46针）

单罗纹
4cm（14行）
18cm（46针）

花样B

单罗纹

全下针

66

宫廷风小外套

【成品规格】 衣长34cm，下摆宽22cm，连肩袖长27cm

【工　　具】 10号棒针，绣花针

【编织密度】 20针×24行=10cm²

【材　　料】 红色、深褐色羊毛线各300g，纽扣5枚

编织要点:

1. 毛衣用棒针编织，由2片前片、1片后片、2片袖片组成，从下往上编织。

2. 先编织前片。
(1) 左前片。用下针起针法，起22针，织全下针，侧缝不用加减针，织34行至插肩袖隆。
(2) 袖隆以上的编织。袖隆减14针，方法是每4行减2减7次，织28行至肩部。
(3) 同时从插肩袖隆算起，织至20行时，开始领窝减针，方法是每2行减2针减4次，织至肩部全部针数收完。同样方法编织右前片。

3. 编织后片。

(1) 用下针起针法，起44针，织全下针，侧缝不用加减针，织34行至插肩袖隆。
(2) 袖隆以上的编织。两边袖隆减16针，方法是每4行减2针减8次。领窝不用减针，织28行至肩部余12针。

4. 编织袖片。用下针起针法，起40针，织全下针，袖下不用加减针，织34行开始两边插肩减针，方法是每4行减2针减14次，至肩部余12针。同样方法编织另一袖。

5. 缝合。将前片的侧缝与后片的侧缝对应缝合。袖片的袖下分别缝合，袖片的插肩部与衣片的插肩部缝合。

6. 门襟编织。两边门襟分别挑64针，织8行罗纹。

7. 领片编织。领圈边挑96针织20行全下针，并在领片的外边挑144针，织8行花样A，形成开襟翻领。

8. 两边袖口编织。分两层编织，先在袖口内侧上4行处挑40针，织12行花样A，第一层完成，再在第一层的内侧上4行处挑40针，织12行花样A，第二层完成。同样方法编织另一边袖口。

9. 裙摆编织。分两层编织，先在毛衣的下摆内侧上4行处挑88针，织12行花样A，第一层完成，再在第一层的内侧上4行处挑88针，织12行花样A，第二层完成。

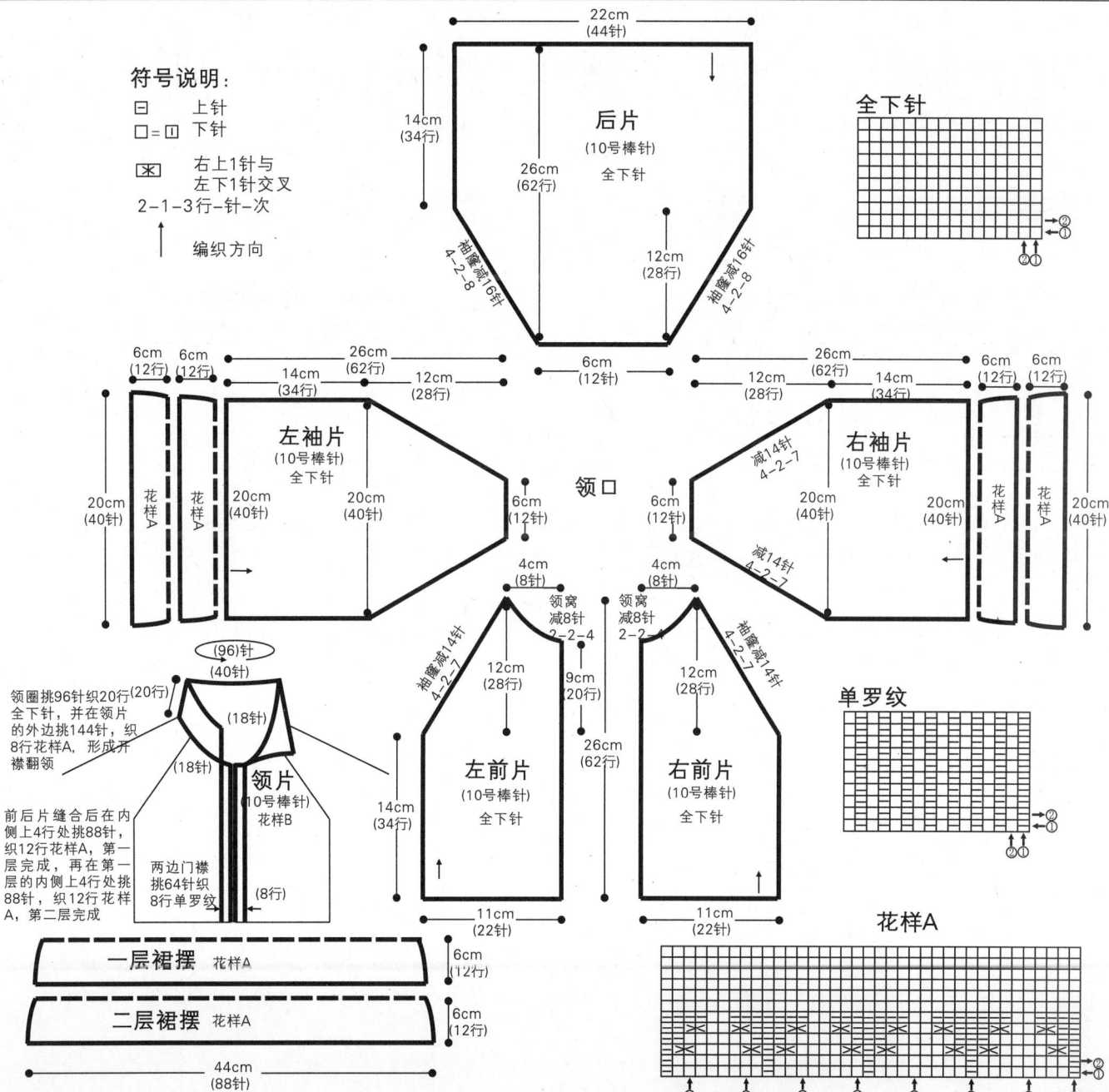

10. 装饰。缝上纽扣，毛衣编织完成。

符号说明:

□　上针
□=□　下针
図　右上1针与左下1针交叉
2-1-3行-针-次
↑　编织方向

后片
(10号棒针)
全下针
22cm (44针)
14cm (34行)
26cm (62行)
12cm (28行)
6cm (12针)
袖隆减16针 4-2-8
袖隆减16针 4-2-8

全下针

左袖片
(10号棒针)
全下针
6cm (12行)
6cm (12行)
26cm (62行)
14cm (34行)
12cm (28行)
6cm (12针)
20cm (40针)
花样A
花样A

右袖片
(10号棒针)
全下针
6cm (12行)
6cm (12行)
26cm (62行)
14cm (34行)
12cm (28行)
6cm (12针)
20cm (40针)
花样A
花样A
减14针 4-2-7
减14针 4-2-7

领口

(96针)
(40针)
(18针)
(18针)

领片
(10号棒针)
花样B
(8针)

领圈挑96针织20行(20行)全下针，并在领片的外边挑144针，织8行花样A，形成开襟翻领

前后片缝合后在内侧上4行处挑88针，织12行花样A，第一层完成，再在第一层的内侧上4行处挑88针，织12行花样A，第二层完成

两边门襟挑64针织8行单罗纹

左前片
(10号棒针)
全下针
4cm (8针)
领窝减8针 2-2-4
12cm (28行)
9cm (20行)
26cm (62行)
14cm (34行)
袖隆减14针 4-2-7
11cm (22针)
6cm (12针)

右前片
(10号棒针)
全下针
4cm (8针)
领窝减8针 2-2-4
12cm (28行)
袖隆减14针 4-2-7
11cm (22针)
6cm (12针)

一层裙摆 花样A
二层裙摆 花样A
6cm (12行)
6cm (12行)
44cm (88针)

全下针
②①

单罗纹
②①

花样A
②①

67

云朵毛衣

【成品规格】 胸宽29cm，衣长43cm，肩宽23cm
　　　　　　 袖长27cm

【工　　具】 8号棒针

【编织密度】 20针×26行=10cm²

【材　　料】 红色圈圈绒线350g，白色圈圈绒线
　　　　　　 适量

编织要点:

1.先织后片，用8号棒针红色毛线起80针，编织下针4行，换白色毛线，织2行，再换回红色毛线，两侧按图示减针，织26.5cm到腋下，进行袖窿减针，减针方法如图，织至衣长最后1.5cm，按图示进行后领减针，肩留14针，待用。

2.前片，用红色毛线8号棒针起80针，编织下针4行，换白色毛线，织2行，再换回红色毛线，两侧按图示减针，织26.5cm到腋下，进行袖窿减针，减针方法如图，织至衣长最后7cm时，开始领口减针，减针方法如图示，肩留14针，待用。

3.袖，用8号棒针红色毛线起42针，编织下针，两侧按图示加针，织22cm到腋下，进行袖山减针，减针方法如图，减针完毕，袖山形成。

4.分别合并肩线、侧缝线和袖下线，并缝合袖子。

5.用白色毛线8号棒针按图示编织若干蝴蝶结并缝合。

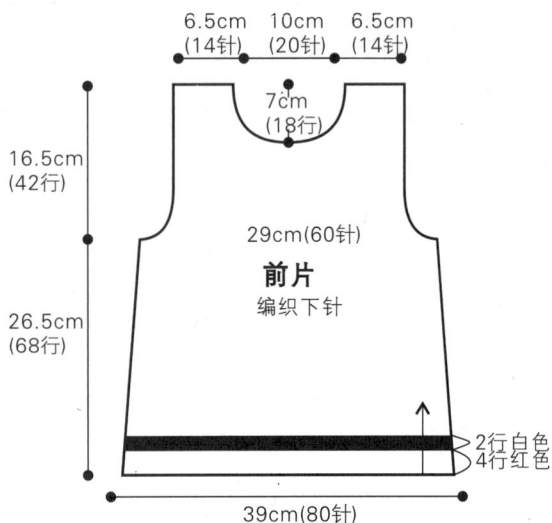

前片

6.5cm(14针)　10cm(20针)　6.5cm(14针)

7cm(18行)

16.5cm(42行)

29cm(60针)

前片
编织下针

领口减针
平织8行
2-1-5
停织10针

袖窿减针
2-1-3
1-3-1

两侧减针
平织8行
6-1-10

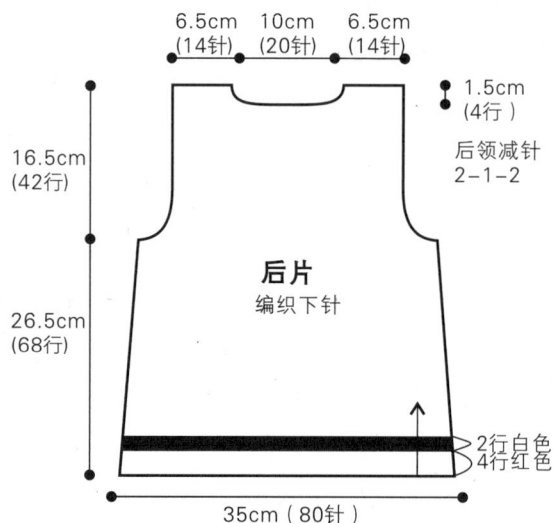

26.5cm(68行)

2行白色
4行红色

39cm(80针)

后片

6.5cm(14针)　10cm(20针)　6.5cm(14针)

1.5cm(4行)

16.5cm(42行)

后片
编织下针

后领减针
2-1-2

26.5cm(68行)

2行白色
4行红色

35cm(80针)

袖片

28cm(58针)

5cm(14行)

袖片
编织下针

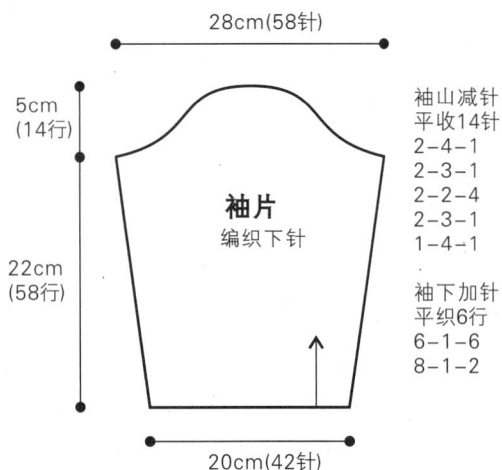

袖山减针
平收14针
2-4-1
2-3-1
2-2-4
2-3-1
1-4-1

袖下加针
平织6行
6-1-6
8-1-2

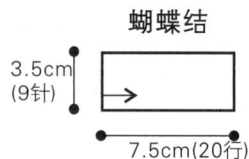

22cm(58行)

20cm(42针)

蝴蝶结

3.5cm(9针)

7.5cm(20行)

娃娃领长袖装

【成品规格】 胸宽32cm，衣长40cm，肩宽24cm，
袖长29cm

【工　具】 7号、8号棒针，2/0钩针

【编织密度】 18针×24行=10cm²

【材　料】 绿色圈圈绒线350g，黄色圈圈绒线
40g

编织要点：

1.先织后片，用7号棒针起72针，编织下针，不加不减

织22cm，按图，收阴褶，织至24cm到腋下，进行袖隆减
针，减针方法如图，织至衣长最后2.5cm，进行后领减针，
如图，肩留10针，待用。

2.前片，用7号棒针起72针，编织下针，不加不减织22cm，
按图，收阴褶，织至24cm到腋，进行袖隆减针，减针方法
如图，织到衣长最后6cm时，开始领口减针，减针方法如图
示，肩留10针，待用。

3.袖，用8号棒针起针，编织2cm单罗纹，换7号棒针，编织
下针，两侧按图示加针，织19cm到腋下，进行袖山减针，
减针方法如图，减针完毕，袖山形成。

4.分别合并肩线、侧缝线和袖下线，并缝合袖子。

5.领，用7号棒针挑织，如图。

6.袋，用钩针按口袋编织钩编口袋。

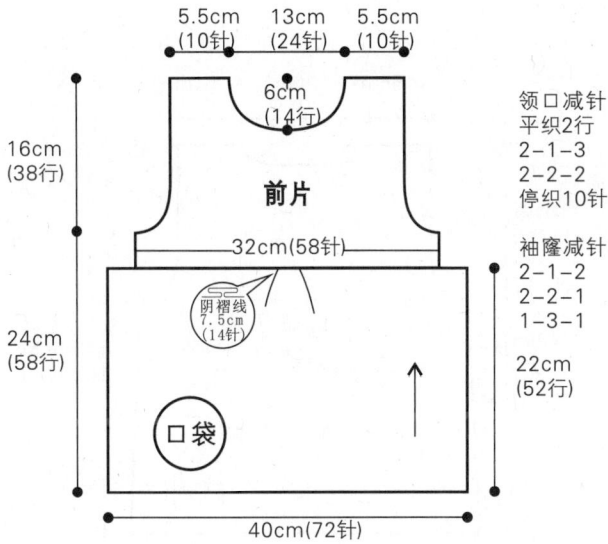

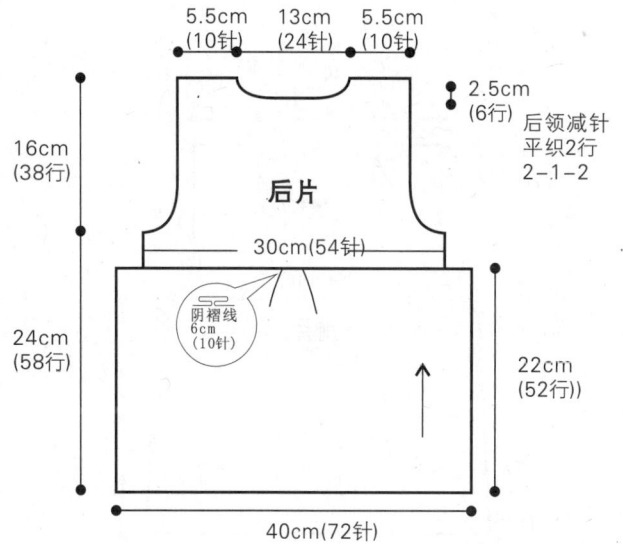

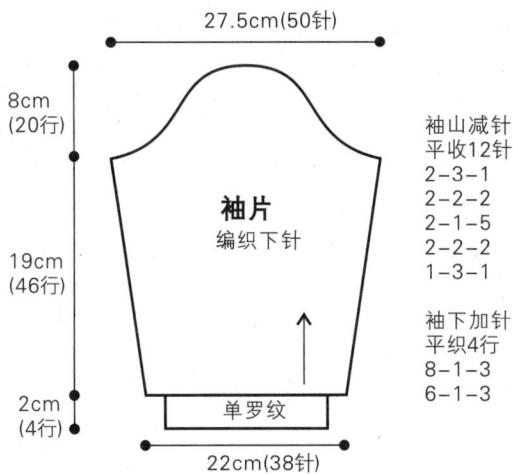

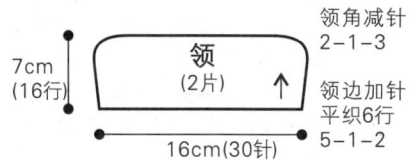

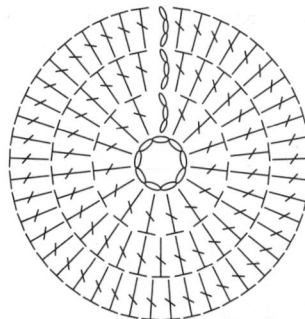

5.5cm
(10针)　13cm
(24针)　5.5cm
(10针)

6cm
(14行)

16cm
(38行)

前片

领口减针
平织2行
2-1-3
2-2-2
停织10针

32cm(58针)

袖隆减针
2-1-2
2-2-1
1-3-1

阴褶线
7.5cm
(14针)

24cm
(58行)

22cm
(52行)

口袋

40cm(72针)

5.5cm
(10针)　13cm
(24针)　5.5cm
(10针)

2.5cm
(6行)

16cm
(38行)

后片

后领减针
平织2行
2-1-2

30cm(54针)

阴褶线
6cm
(10针)

24cm
(58行)

22cm
(52行))

40cm(72针)

27.5cm(50针)

8cm
(20行)

袖片
编织下针

袖山减针
平收12针
2-3-1
2-2-2
2-1-5
2-2-2
1-3-1

19cm
(46行)

袖下加针
平织4行
8-1-3
6-1-3

2cm
(4行)

单罗纹

22cm(38针)

7cm
(16行)

领
(2片)

领角减针
2-1-3

领边加针
平织6行
5-1-2

16cm(30针)

口袋编织

三色圆领装

【成品规格】 胸宽30cm，衣长37cm，肩宽25cm，袖长27cm

【工　　具】 7号棒针

【编织密度】 20针×26行=10cm²

【材　　料】 红色圈圈绒线100g，咖啡色线100g，米色线60g

编织要点:

1.先织后片，用7号棒针起70针，编织下针，两侧按图

示减针，织21cm下针到腋下，进行袖窿减针，减针方法如图，织至衣长最后2cm，进行后领减针，如图，肩留15针，待用。

2.前片，用7号棒针起70针，编织下针，两侧按图示减针，织21cm到腋下，进行袖窿减针，减针方法如图，织到衣长最后7cm时，开始领口减针，减针方法如图示，肩留15针，待用。

3.袖，7号棒针起34针，编织下针，两侧按图示加针，织23cm到腋下，进行袖山减针，减针方法如图，减针完毕，袖山形成。

4.分别合并侧缝线和袖下线，并缝合袖子。

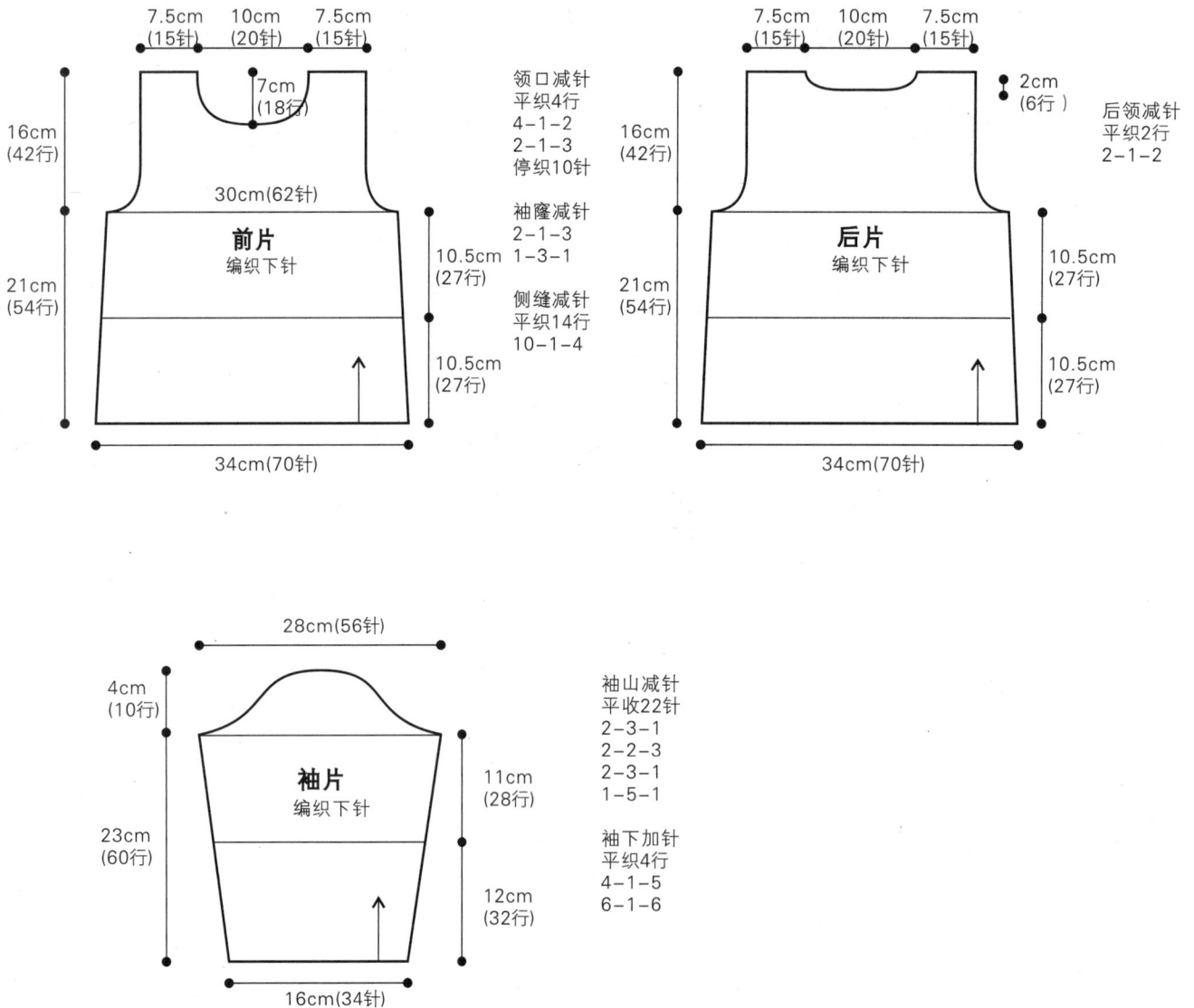

前片

7.5cm (15针)　10cm (20针)　7.5cm (15针)

7cm (18行)

16cm (42行)

30cm(62针)

前片
编织下针

21cm (54行)

10.5cm (27行)

10.5cm (27行)

34cm(70针)

领口减针
平织4行
4-1-2
2-1-3
停织10针

袖窿减针
2-1-3
1-3-1

侧缝减针
平织14行
10-1-4

后片

7.5cm (15针)　10cm (20针)　7.5cm (15针)

2cm (6行)

16cm (42行)

后片
编织下针

21cm (54行)

10.5cm (27行)

10.5cm (27行)

34cm(70针)

后领减针
平织2行
2-1-2

袖片

28cm(56针)

4cm (10行)

袖片
编织下针

11cm (28行)

23cm (60行)

12cm (32行)

16cm(34针)

袖山减针
平收22针
2-3-1
2-2-3
2-3-1
1-5-1

袖下加针
平织4行
4-1-5
6-1-6

蛋糕领短袖

【成品规格】	衣长38cm，下摆宽30cm，连肩袖长10cm
【工　　具】	10号棒针，缝衣针和钩针
【编织密度】	42针×54行=10cm²
【材　　料】	红色段染线400g

编织要点:

1. 插肩毛衣用棒针和钩针编织，由1片前片，1片后片、2片袖片组成，从下往上编织。
2. 先编织前片。
(1) 用下针起针法，起126针，织花样A，侧缝不用加减针，织140行至插肩袖隆。
(2) 袖隆以上的编织。两边平收6针后，分两片编织，每片63针，门襟处不用加减针，同时进行插肩袖隆减针，方法是每2行减2针减8次，每2行减1针减11次，减27针，织42行至肩部针数余30针，两片织法一样。
3. 编织后片。
(1)用下针起针法起126针，织花样A，侧缝不用加减针，织140行至插肩袖隆。
(2)袖隆以上编织。两边平收6针后，进行插肩袖隆减针，方法是每2行减1针减27次，各减27针，织46行至肩部余60针。
4. 编织袖片。袖片用钩针钩织。
5. 缝合。将前片的侧缝与后片的侧缝对应缝合。袖片与插肩袖隆缝合。
6. 两边袖片缝合后，在领圈边和袖边用钩针钩织花边，下摆也是钩织花边。系上毛线绳子毛衣编织完成。

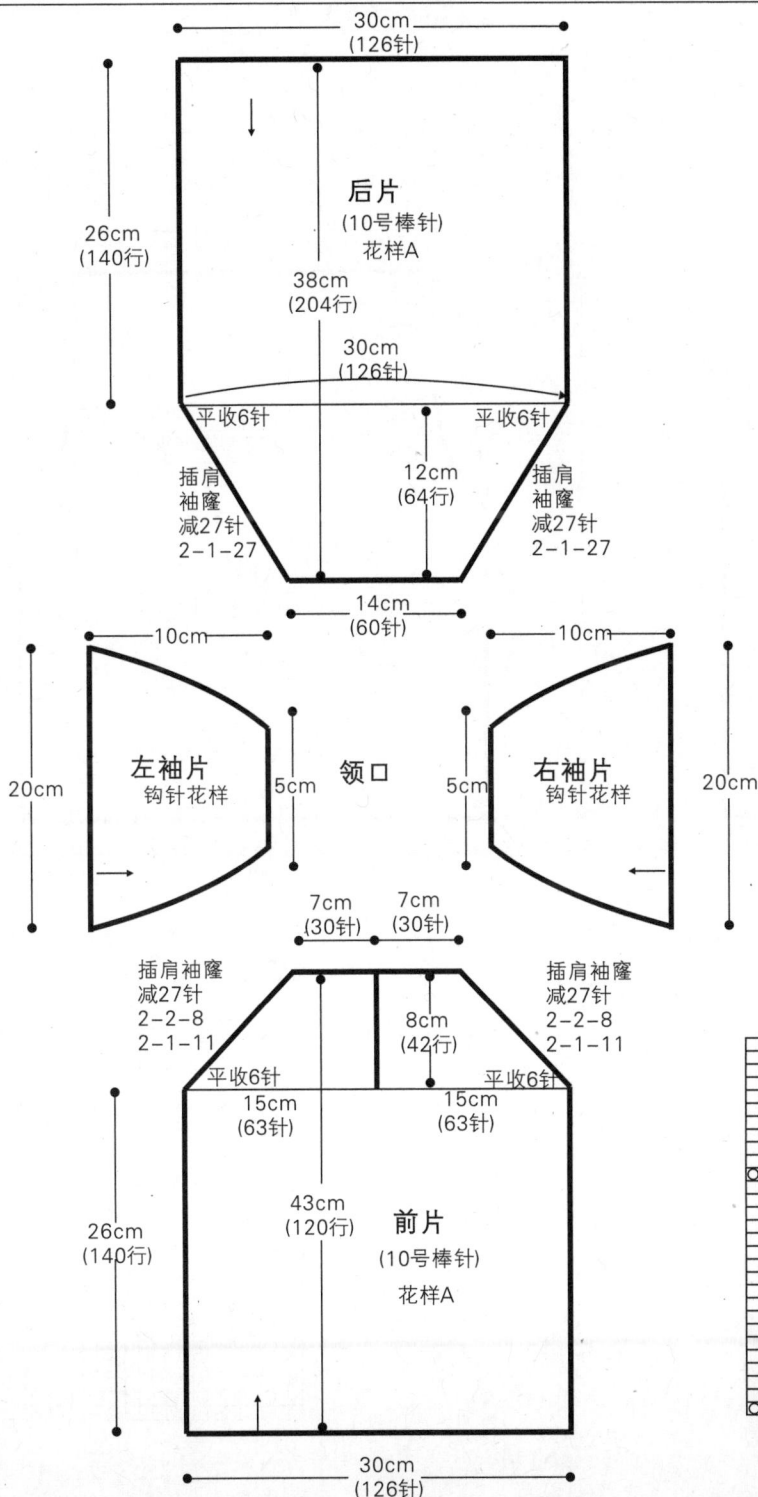

两片袖片缝合后在领圈边和袖边用钩针钩织花边

符号说明:

□ 上针
□=□ 下针
⊠ 右并针
⊙ 镂空针

2-1-3行-针-次

↑ 编织方向

全下针

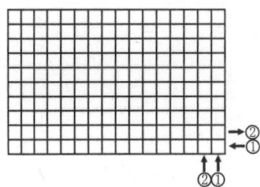

花样A

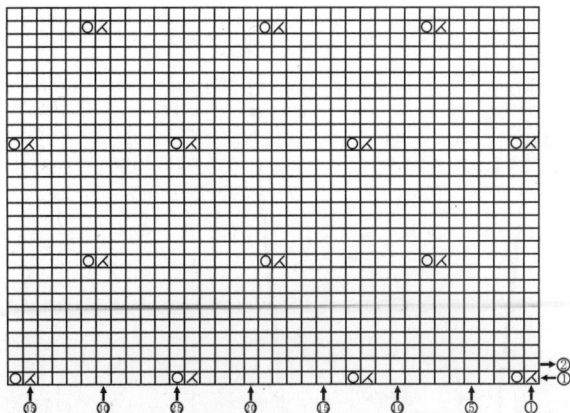

经典配色毛衣

【成品规格】 衣长45cm，下摆宽36cm，肩宽26cm，袖长45cm

【工　　具】 10号棒针，缝衣针

【编织密度】 28针×36行=10cm²

【材　　料】 粉红色羊毛线等各适量

编织要点：

1. 毛衣用棒针编织，由1片前片、1片后片、2片袖片组成，从下往上编织。
2. 先编织前片。
(1) 用下针起针法起100针，编织14行单罗纹后，改织全下针，并配色，侧缝不用加减针，织82行至袖窿。
(2) 袖窿以上的编织。两边袖窿平收8针后减针，方法是每4行减2针减3次，各减6针，不加不减织52行至肩部。
(3) 同时织至袖窿算起36行时，开始开领窝，中间平收

16针，然后两边减针，方法是每2行减1针减12次，各减12针，不加不减织4行至肩部余16针。
3. 编织后片。
(1) 用下针起针法起100针，编织14行单罗纹后，改织全下针，并配色，侧缝不用加减针，织82行至袖窿。
(2) 袖窿以上的编织。两边袖窿平收8针后减针，方法是每4行减2针减3次，各减6针，不加不减织52行至肩部。不用开领窝，至肩部余72针。
4. 袖片编织。用下针起针法起52针，织22行单罗纹后，即分散加12针至64针，然后改织全下针，并配色，袖下加针，方法是每10行加1针加8次，织至86行时，两边平收4针，开始袖山减针，方法是每2行减1针减26次，至顶部余20针。
5. 缝合。将前片的侧缝与后片的侧缝对应缝合。前片的肩部与后片的肩部缝合，两边袖片的袖下缝合后，分别与衣片的袖边缝合。
6. 领片编织。领圈边挑114针，圈织10行单罗纹，形成圆领。毛衣编织完成。

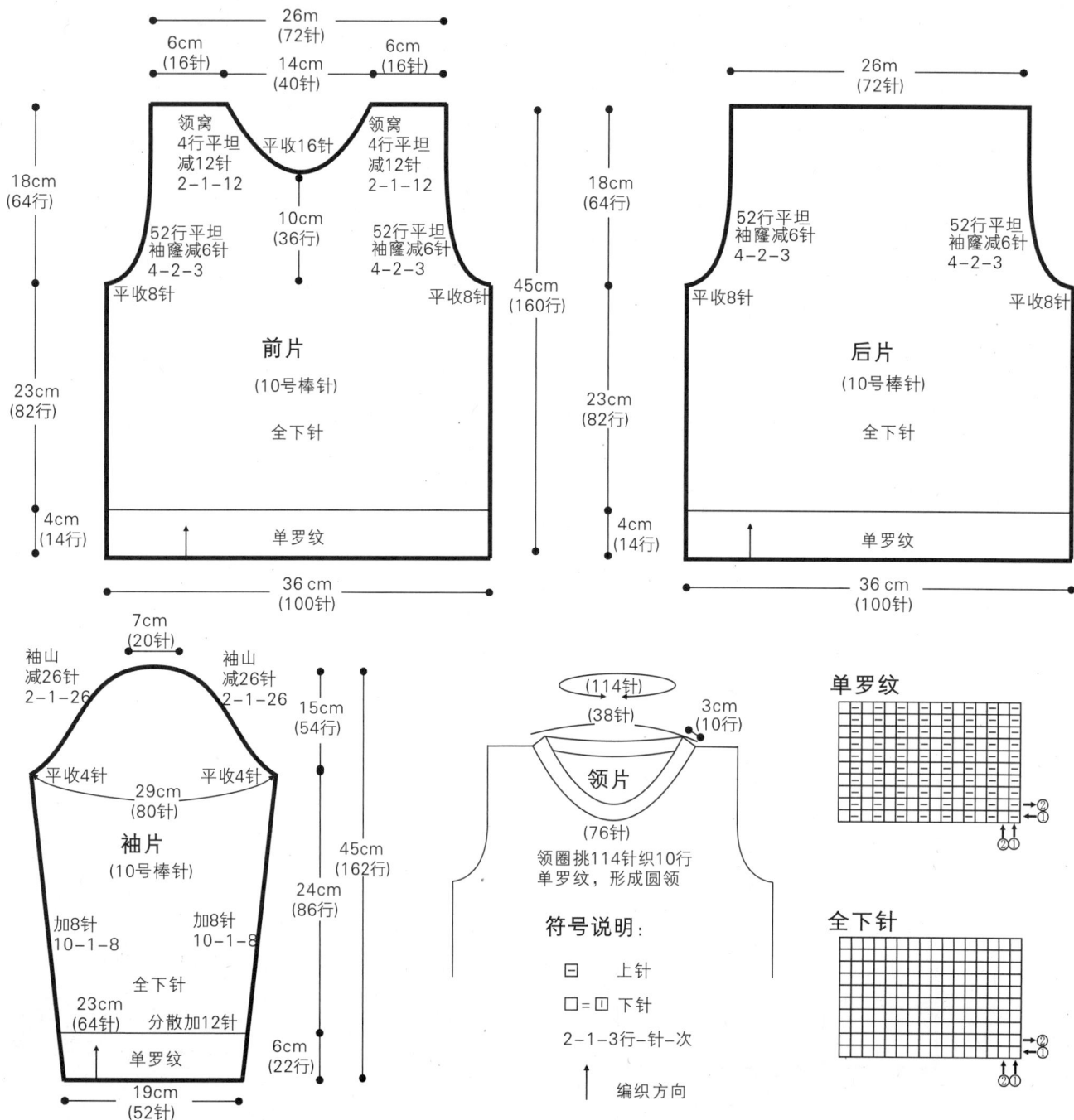

26m（72针）
6cm（16针）　14cm（40针）　6cm（16针）

领窝 4行平坦 减12针 2-1-12
平收16针
领窝 4行平坦 减12针 2-1-12

18cm（64行）

52行平坦 袖窿减6针 4-2-3
52行平坦 袖窿减6针 4-2-3
平收8针　　　平收8针

10cm（36行）

45cm（160行）

前片
（10号棒针）
全下针

23cm（82行）

4cm（14行） 单罗纹

36 cm（100针）

26m（72针）

18cm（64行）

52行平坦 袖窿减6针 4-2-3
52行平坦 袖窿减6针 4-2-3
平收8针　　　平收8针

45cm（160行）

后片
（10号棒针）
全下针

23cm（82行）

4cm（14行） 单罗纹

36 cm（100针）

7cm（20针）
袖山 减26针 2-1-26
袖山 减26针 2-1-26

15cm（54行）

平收4针　　　平收4针
29cm（80针）

袖片
（10号棒针）

45cm（162行）
24cm（86行）

加8针 10-1-8
加8针 10-1-8
全下针

23cm（64针） 分散加12针

单罗纹

6cm（22行）

19cm（52针）

（114针）
（38针）　3cm（10行）

领片
（76针）

领圈挑114针织10行单罗纹，形成圆领

符号说明：

□　　上针

□=□　下针

2-1-3行-针-次

↑　编织方向

单罗纹

②
①
②①

全下针

②
①
①①

连帽背心装

【成品规格】 衣长37cm，衣宽28cm，肩宽24cm

【工　具】 12号棒针,12号环形针

【编织密度】 30针×40行=10cm²

【材　料】 粉色棉线400g

编织要点:

1.棒针编织法，袖窿以下一片编织而成，袖窿起分为前片、后片来编织。织片较大，可采用环形针编织。

2.起织，双罗纹针起针法起174针起织，先织16行花样A，第17行起开始编织花样A、B、C、D、E、F组合编织，组合方式及顺序见结构图所示，分配好花样后，重复往上编织至44行，第45行起，将织片分片，分成左前片、右前片和后片分别编织，左右前片各取45针，后片取84针编织。

3.分配后身片的针数到棒针上，用12号针编织，起织时两侧需要同时减针织成袖窿，减针方法为2-1-6，两侧5针花样D不变，花样B减针编织，两侧针数各减少6针，余下72针继续编织，两侧不再加减针，织至148行，中间留取42针不织，用防解别针扣住，留待编织帽子，两侧肩部各收针15针，断线。

4.编织左前片，起织时右侧需要减针织成袖窿，减针方法为2-1-6，右侧5针花样D不变，花样B减针编织，右侧针数共减少6针，余下39针继续编织，两侧不再加减针，织至148行，左侧留取24针不织，用防解别针扣住，留待编织帽子，右侧肩部收针15针，断线。

5.相同的方法相反方向编织右前片。完成后将前片与后片的两肩部对应缝合。

帽子制作说明

帽子编织。棒针编织法，沿领口挑针起织，挑起90针，编织花样B、C、D、E组合花样，编织方法及顺序见结构图所示，重复往上编织96行，将织片从中间分成左右两片，各取45针，缝合帽顶。

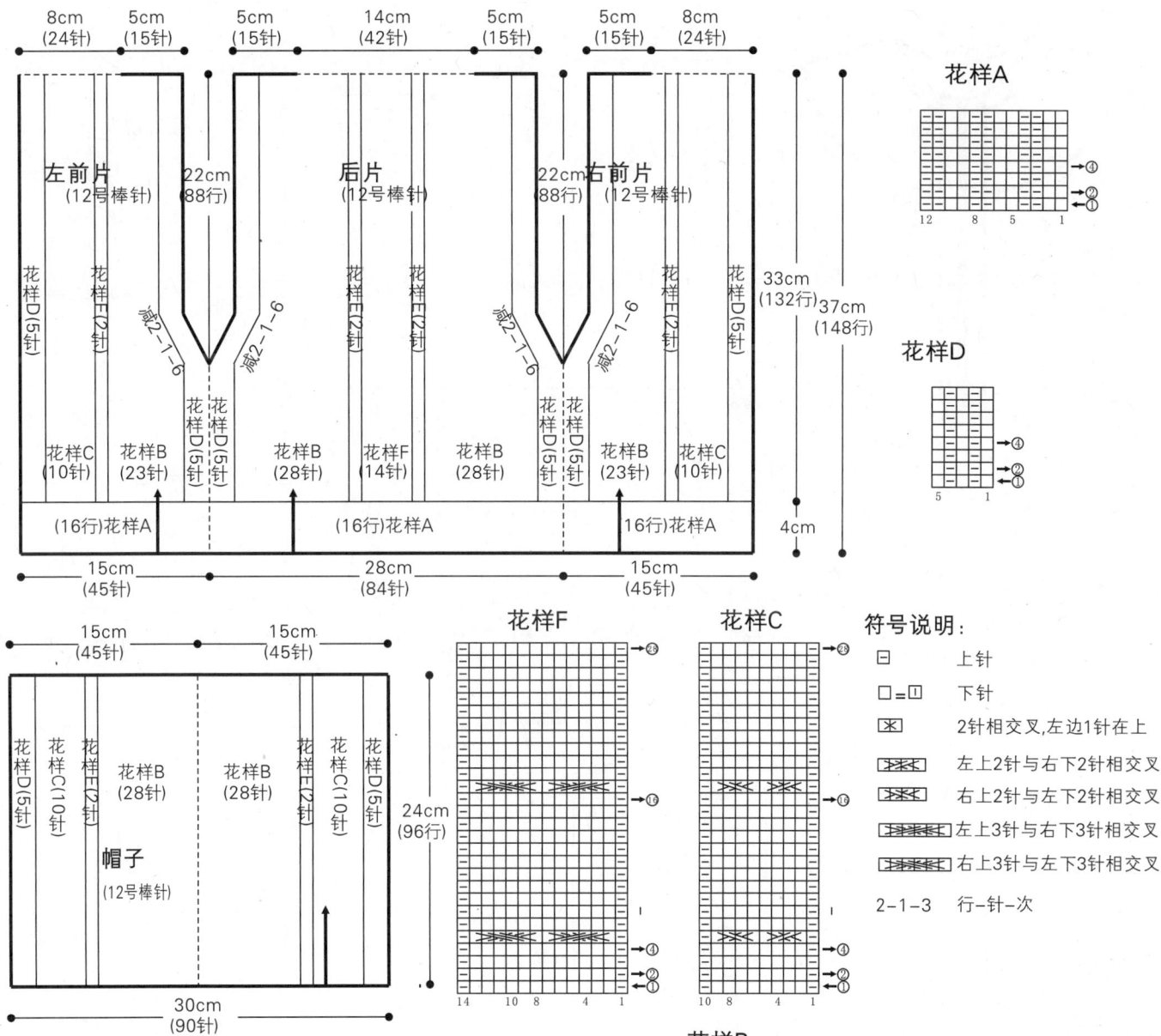

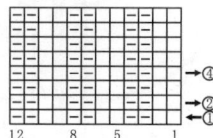

花样A

花样D

花样F

花样C

花样E

花样B

符号说明:

□　上针

□=□　下针

2针相交叉,左边1针在上

左上2针与右下2针相交叉

右上2针与右下2针相交叉

左上3针与右下3针相交叉

右上3针与左下3针相交叉

2-1-3　行-针-次

韩版圆领装

【成品规格】 衣长33cm，下摆宽34cm，袖长14cm

【工　　具】 10号棒针，缝衣针和钩针

【编织密度】 22针×32行＝10cm²

【材　　料】 红色、绿色羊毛线400g，白色线少许，毛线腰带1根

编织要点：

1.毛衣用棒针编织，由2片前片、1片后片、2片袖片组成，从上往下编织。

2.先织肩部环形片部分，从领口织起，领口用下针起针法起80针，环织花样A，并配色，按花样A分，3层加针，织完36行花样A后，总数为208针，环形部分完成。

3.开始分出2片前片，1片后片和2片袖片。

(1) 前片编织，分左前片和右前片编织。左前片，分出30针，在袖隆处加8针为38针，编织全下针，并配色，侧缝不用加减针，织至64行时，改织6行花样B，收针断线。同样方法，反方向编织右前片。

(2) 后片编织，分出60针，在两边袖隆处各加8针为76针，编织全下针，侧缝不用加减针，织至64行时，改织6行花样B，收针断线。

(3) 袖片编织，左袖片分出44针，两边各加8针为60针，编织全下针，两边袖下减针，方法是每6行减1针减8次，织至52行时，改织6行花样B，收针断线。同样方法编织右袖片。

4. 缝合，将两前片的侧缝和后片的侧缝缝合。两袖片的袖下分别缝合。

5. 领圈边挑66针，织8行单罗纹，形成开襟圆领。

6. 两边门襟分别挑90针，织8行单罗纹，系上毛线腰带，用钩针钩织白色花边，毛衣编织完成。

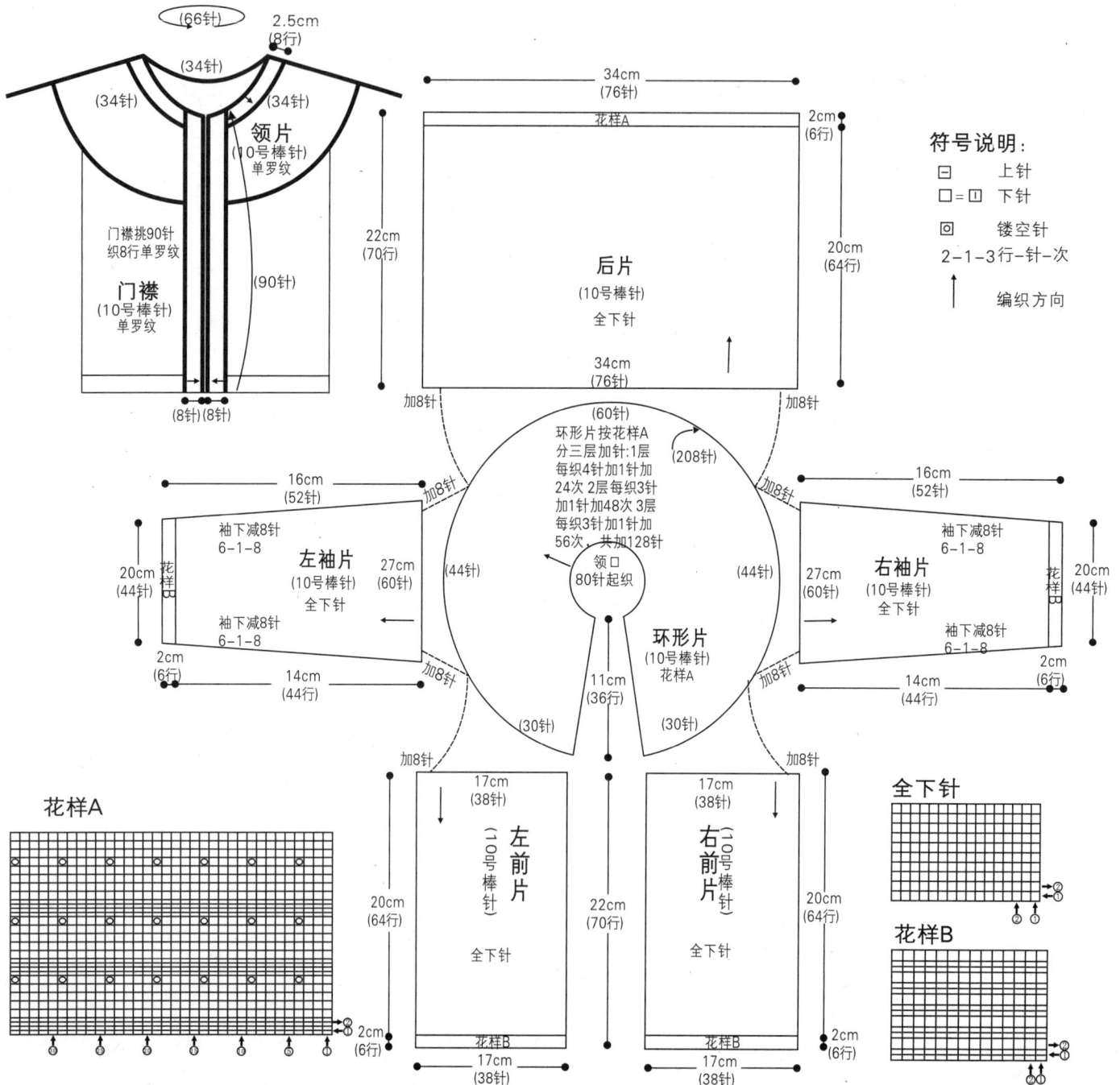

符号说明：

□ 上针

□=□ 下针

回 镂空针

2-1-3行-针-一次

↑ 编织方向

立领小背心

【成品规格】 衣长38cm，胸围56cm

【工　具】 10号棒针

【编织密度】 21针×24行=10cm²

【材　料】 小鸡黄毛线200g，纽扣5枚

编织要点:

1.一片连织，起128针织起伏针6行后，门襟各留4针继续织起伏针，其余织花样A，织7组花后分织挂肩部分。

2.前片各分34针，后片分60针，腋下各收掉一组花，织6行后在袖口部分平加14针织花样B一组；织最后一行的时候后片均收至48针，前片各28针；织2行上针，开始织领。

3.将每3针并收掉1针，织14行单罗纹，10行平针后平收，领边自然卷曲。

4.缝合纽扣，完成。

16cm
（32针）

8cm
（20针）

10行平针
14行单罗纹

领

袖　32针
　　48针
加12针 花样B
　　70针

8cm
（24行）

8cm
（18行）

10行平针
14行单罗纹

领

袖
加12针 花样B

平收7针

后片
10号针织
花样A

22cm
（48行）

前片
10号针线
花样A

平收7针

4针织起伏针

底边织6行起伏针

同后片

28cm
（60针）

14cm
（34针）

6.5cm
（12行）

编织花样

针法符号说明

▢ = 加针

λ = 右上2针并1针

⋏ = 上针2针并1针

• = 1针放5针再并收

花样B

花样A

起伏针

45
40
35
30
25
20
15
10
5
1

40　35　30　25　20　15　10　5　1

▢=▭

紫色连帽装

【成品规格】 衣长40cm，胸宽30cm，肩宽25cm，袖长25cm

【工　　具】 10号棒针

【编织密度】 17针×28行=10cm²

【材　　料】 紫红色羊毛绒线650g

编织要点:

1.棒针编织法。由领片、前后衣身片、袖片2个和1个帽片组成。

2.先编织领片。领片由一块棒绞花样一片编织而成，下针起针法，起16针，依照花样A图解编织，织160行后，收针断线。下一步编织各个衣身片。

(1)前片的编织。分为左前片和右前片2个。织法相同。下针起针法，起35针，起织花样C，不加减针，织12行，然后将起针行算起8行重叠对折缝合，形成8行高的衣摆。下一行起，依照花样B排花型编织。不加减针，织40行后，下一行减袖窿。2-1-1，6-1-4，织成26

行，余下30针，收针断线。相同的方法去编织另一个前片。

(2)后片的编织。下针起针法，起70针，起织衣摆的织法与前片相同。织成8行的衣摆。下一行起，全织下针，从两边算起29针，在第29针的位置上进行并针编织。4-1-6，减少12针。下一行继续织下针，不加减针，织10行后，在中心算起在第4针的位置上进行减针，同样的方法减出个人字形的减针痕迹，4-1-4，织成16行后，不加减针织，织8行，再用相同的方法，再次在两边各减4针，减针行为16行。然后不加减针，再织16行结束。

(3)袖片的编织。起58针，起织袖口与衣身衣摆相同。织成8行高的袖口后。下一行排花型，两边各23针织下针，中间12针，织花样B中的花a花样组。不加减针，织36行后，下一行两边减袖窿边，2-1-13，织成26行后，针数余下32针，收针断线。相同的方法去编织右袖片。

(4)缝合。分别将各个织片的收针行，袖窿边与袖窿边相对应缝合。收针行与领片的做下摆边这端进行缝合。

3.帽片的编织。沿着领片的上边端，挑出84针，起织下针，不加减针，织50行，下一行，以后衣领的中心2针进行减针，2-1-20，织成40行的减针行高，最后两边各余下22针，对折缝合。最后沿着衣襟和帽子前沿，钩织花样D花边。花边的孔穿过系带。

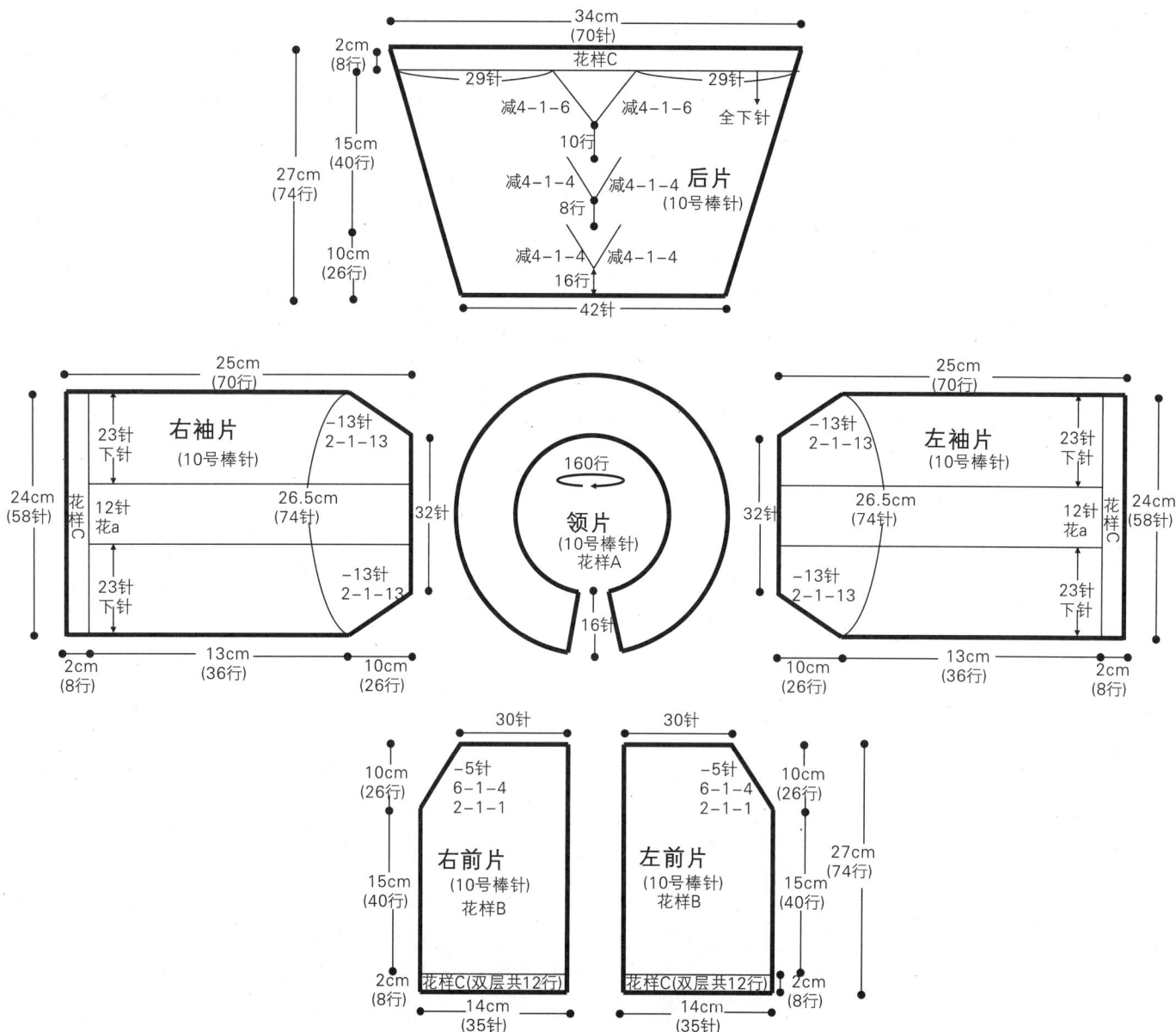

花样C
34cm（70针）
29针　　29针
减4-1-6　减4-1-6　全下针
10行
减4-1-4　减4-1-4　后片（10号棒针）
8行
减4-1-4　减4-1-4
16行
42针
2cm（8行）
15cm（40行）
27cm（74行）
10cm（26行）

右袖片（10号棒针）
25cm（70行）
23针下针
-13针 2-1-13
12针花a
26.5cm（74针）
32针
23针下针
-13针 2-1-13
花样C
24cm（58针）
2cm（8行）　13cm（36行）　10cm（26行）

领片（10号棒针）花样A
160行
16针

左袖片（10号棒针）
25cm（70行）
-13针 2-1-13
23针下针
26.5cm（74针）
32针
12针花a
-13针 2-1-13
花样C
24cm（58针）
10cm（26行）　13cm（36行）　2cm（8行）

右前片（10号棒针）花样B
30针
-5针 6-1-4 2-1-1
10cm（26行）
15cm（40行）
花样C（双层共12行）
14cm（35针）
2cm（8行）

左前片（10号棒针）花样B
30针
-5针 6-1-4 2-1-1
10cm（26行）
27cm（74行）
15cm（40行）
花样C（双层共12行）
14cm（35针）
2cm（8行）

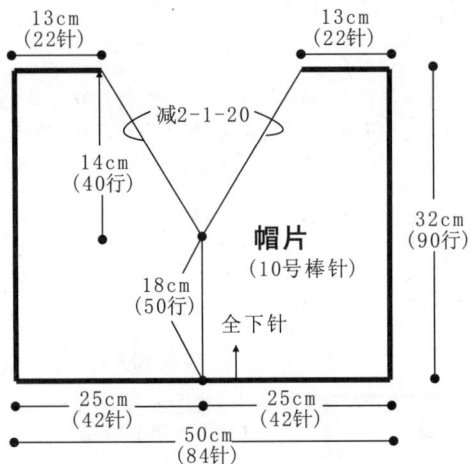

13cm
(22针)　　　　　13cm
(22针)

减2-1-20

14cm
(40行)

帽片
(10号棒针)

32cm
(90行)

18cm
(50行)

全下针

25cm
(42针)　　25cm
(42针)

50cm
(84针)

符号说明：

□　　上针

□=□　下针

2-1-3　行-针-次

↑　　编织方向

③=③□③　1针编出3针
的加针(上挂上)

右上1针
与左下2针交叉

左上4针并1针

左上2针与右下2针交叉

花样A

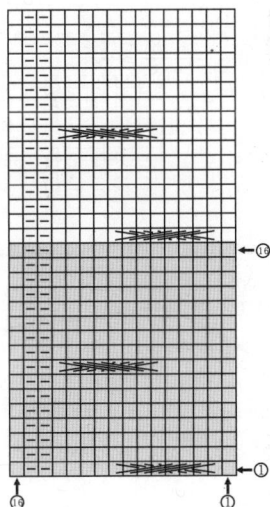

花样C

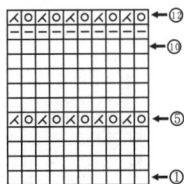

花样D

花样B

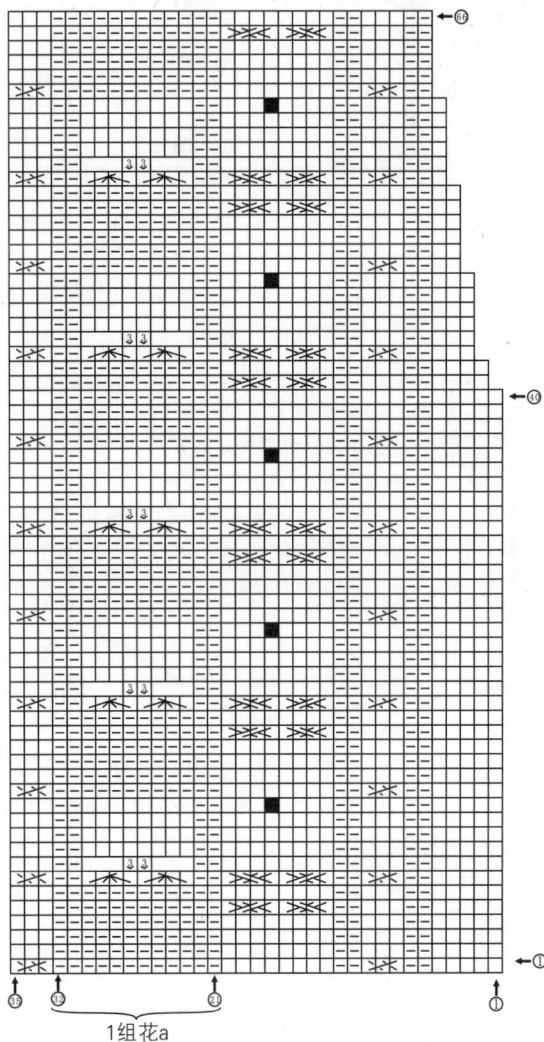

1组花a

77

大红开衫外套

【成品规格】 衣长38cm，下摆宽30cm，连肩袖长38cm

【工 具】 10号棒针，缝衣针

【编织密度】 28针×28行=10cm²

【材 料】 红色羊毛线400g，纽扣5枚

编织要点:

1. 毛衣用棒针编织，由2片前片、1片后片、2片袖片组成，从下往上编织。

2. 先编织前片。

(1) 左前片。用下针起针法，起42针，先织8行单罗纹后，改织花样A，侧缝不用加减针，织54行至插肩袖隆。

(2) 袖隆以上的编织。袖隆平收4针后减20针，方法是每4行减2减10次，织44行至肩部。

(3) 同时从插肩袖隆算起，织至30行时，开始领窝减针，门襟平收4针，然后减14针，方法是每2行减2针减7次，织至肩部全部针数收完。同样方法编织右前片。

3. 编织后片。

(1) 用下针起针法，起84针，先织8行单罗纹后改织花样B，侧缝不用加减针，织54行至插肩袖隆。

(2) 袖隆以上的编织。两边袖隆平收4针后减20针，方法是每4行减2针减10次。领窝不用减针，织44行余36针。

4. 编织袖片。用下针起针法，起42针，先织6行单罗纹后，改织花样B，两边袖下加针，方法是每6行加1针加8次，织至56行时，开始两边平收4针后，插肩减20针，方法是:每4行减2针减10次，至肩部余10针，同样方法编织另一袖。

5. 缝合。将前片的侧缝与后片的侧缝对应缝合。袖片的袖下分别缝合，袖片的插肩部与衣片的插肩部缝合。

6. 领片编织。领圈边挑98针，织6行单罗纹，形成开襟圆领。

7. 装饰。缝上纽扣，毛衣编织完成。

78

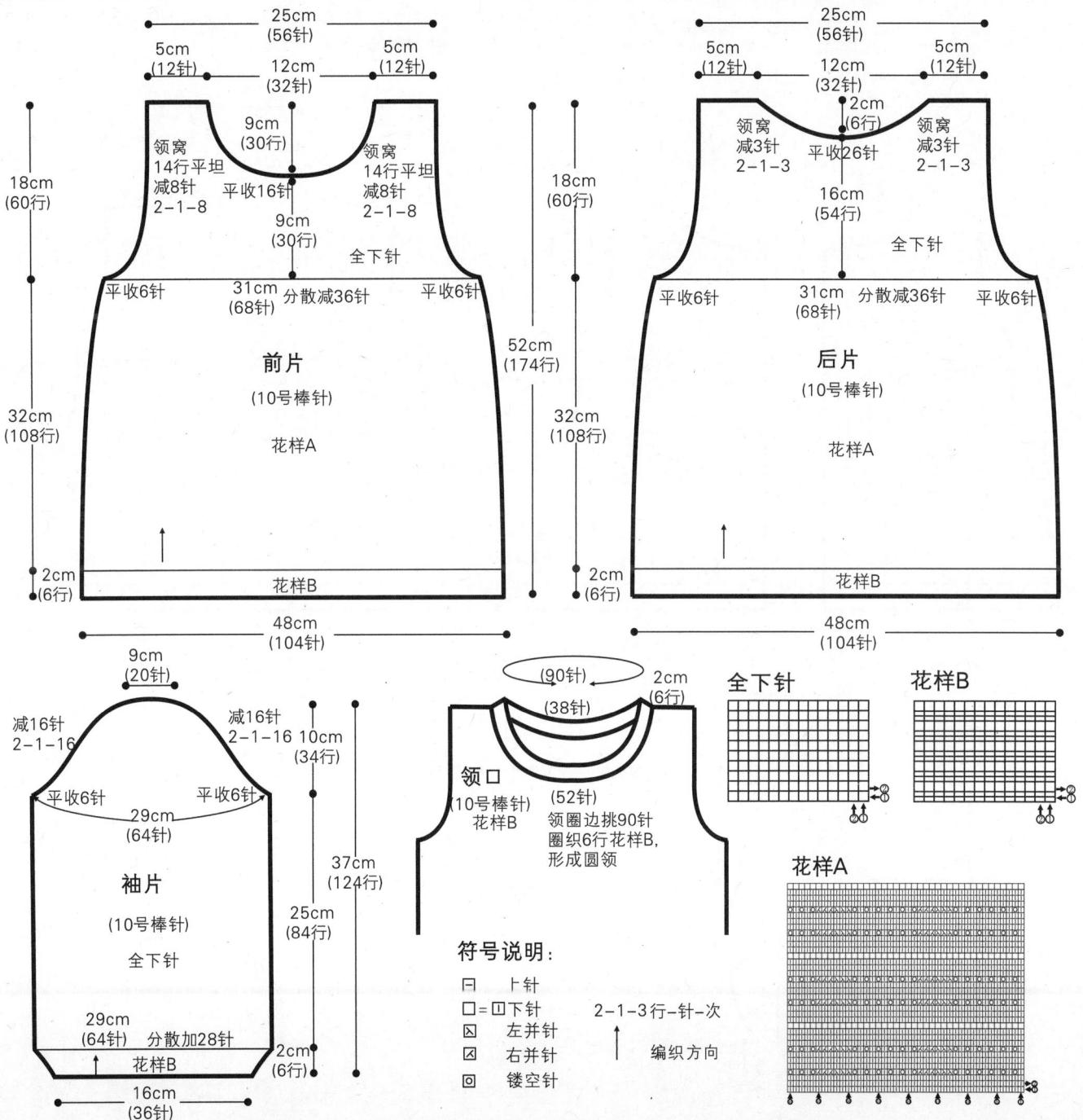

韩式长袖装

【成品规格】 衣长52cm，下摆宽48cm，肩宽25cm，袖长37cm

【工　　具】 10号棒针，缝衣针

【编织密度】 22针×34行＝10cm²

【材　　料】 灰色羊毛线400g

编织要点:

1. 毛衣用棒针编织，由1片前片、1片后片和2片袖片组成，从下往上编织。

2. 先编织前片。

(1) 用下针起针法，起104针，先织6行花样B后，改织花样A，侧缝不用加减针，织108行至袖窿，并分散减36针，此时针数为68针。

(2) 袖窿以上编织。织片改织全下针，袖窿两边平收6针，余下针数不加不减织60行至肩部。

(3) 同时从袖窿算起织至30行时，开始领窝减针，中间

平收16针，两边各减8针，方法是每2行减1针减8次，至肩部余12针。

3.后片编织

(1) 用下针起针法，起104针，先织6行花样B后，改织花样A，侧缝不用加减针，织108行至袖窿，并分散减36针，此时针数为68针。

(2) 袖窿以上编织。织片改织花样A，袖窿两边平收6针，余下针数不加不减织60行至肩部。

(3) 同时从袖窿算起织至54行时，开始领窝减针，中间平收26针，两边各减3针，方法是每2行减1针减3次，至肩部余12针。

4. 袖片编织。从袖口织起，用下针起针法起36针，织6行花样B后，改织全下针，并分散加28针至64针，袖下不用加减针，织84行时，两边平收4针后，进行袖山减针，方法是每2行减1针减16次，织34行至顶部余20针。同样方法编织另一袖片。

5. 缝合。将前片的侧缝与后片的侧缝对应缝合。前后片的侧缝缝合，两袖片的袖下缝合后，与衣片的袖窿边缝合。

6. 领子编织。领圈挑90针，织6行花样B，形成圆领。

7. 绣上装饰花朵，衣服编织完成。

前片
(10号棒针)
花样A

25cm(56针)
5cm(12针) 12cm(32针) 5cm(12针)
9cm(30行)
领窝 14行平坦 减8针 2-1-8
平收16针
领窝 14行平坦 减8针 2-1-8
9cm(30行)
全下针
18cm(60行)
平收6针 31cm(68针) 分散减36针 平收6针
52cm(174行)
18cm(60行)
32cm(108行)
2cm(6行) 花样B
48cm(104针)

后片
(10号棒针)
花样A

25cm(56针)
5cm(12针) 12cm(32针) 5cm(12针)
2cm(6行)
领窝 减3针 2-1-3 平收26针 领窝 减3针 2-1-3
16cm(54行)
全下针
18cm(60行)
平收6针 31cm(68针) 分散减36针 平收6针
32cm(108行)
2cm(6行) 花样B
48cm(104针)

袖片
(10号棒针)
全下针

9cm(20针)
减16针 2-1-16 减16针 2-1-16
10cm(34行)
平收6针 平收6针
29cm(64针)
37cm(124行)
25cm(84行)
29cm(64针) 分散加28针
2cm(6行) 花样B
16cm(36针)

领口
(10号棒针)
花样B
领圈边挑90针
圈织6行花样B，
形成圆领

(90针) 2cm(6行)
(38针)
(52针)

符号说明:

□ 上针
□=□下针 下针
☒ 左并针
☒ 右并针
□ 镂空针

2-1-3 行-针-次
↑ 编织方向

全下针

花样B

花样A

气质小开衫

【成品规格】 衣长45.5cm，胸宽40cm，肩宽30cm，袖长35.5cm

【工　具】 10号棒针

【编织密度】 25针×30行=10cm²

【材　料】 灰黑色羊毛线650g

编织要点:

1.棒针编织法。由前片2片、后片和2个袖片组成。

2.前后片织法。

(1)前片的编织，分为左前片和右前片，以右前片为例。双罗纹起针法，起67针，右边7针编织花样B单罗纹针，左边60针编织花样A双罗纹针，不加减针，织8行的高度，下一行，花样B照织，将花样A改为编织下针，不加减针，织78行，在最后一行里，收褶3处，每处相隔8针，收褶17针，针数余下43针，花样B照织。下一行，43针下针排花样C花型编织，不加减针，织6行后，下一行开始减袖隆，左侧收针4针，然后4-1-3，当织成袖隆算起34行的高度时，下一行起减前衣领边，先收

针13针，然后2-4-1，2-3-1，2-2-1，2-1-3，减少25针，至肩部余下18针，收针断线。相同的方法，相反的减针方向编织左前片。右衣襟制作4个扣眼。

(2)后片的编织，双罗纹起针法，起122针，起织花样A，不加减针，织8行，下一行起全织下针，织78行，在最后一行里，分6处收褶，收掉34针，余下88针，下一行起排花样D编织，织6行后两边开始减袖隆，方法与前片相同，当织成袖隆算起42行的高度时，下一行中间收针34针，两边减针，2-1-2，至肩部余下18针，收针断线。将前后片的肩部对应缝合，再将侧缝对应缝合。

3.袖片织法。双罗纹起针法，起48针，起织花样A双罗纹针，不加减针，织8行，下一行分散加下针32针，针数加成80针，起织下针，不加减针，织40行的高度，下一行排样E花型编织，不加减针，织24行的高度后，下一行开始减袖山，两边同时收针4针，然后1-1-30，各减少34针，织成30行高，余下12针，收针断线。相同的方法再去编织另一个袖片。将两个袖山边线与衣身的袖隆边线对应缝合。再将袖侧缝缝合。

4.领片织法。前衣襟的7针单罗纹花样，而前衣领窝两边各挑22针，后领窝挑出44针，起织花样A双罗纹针，织8行后收针断线。衣服完成。

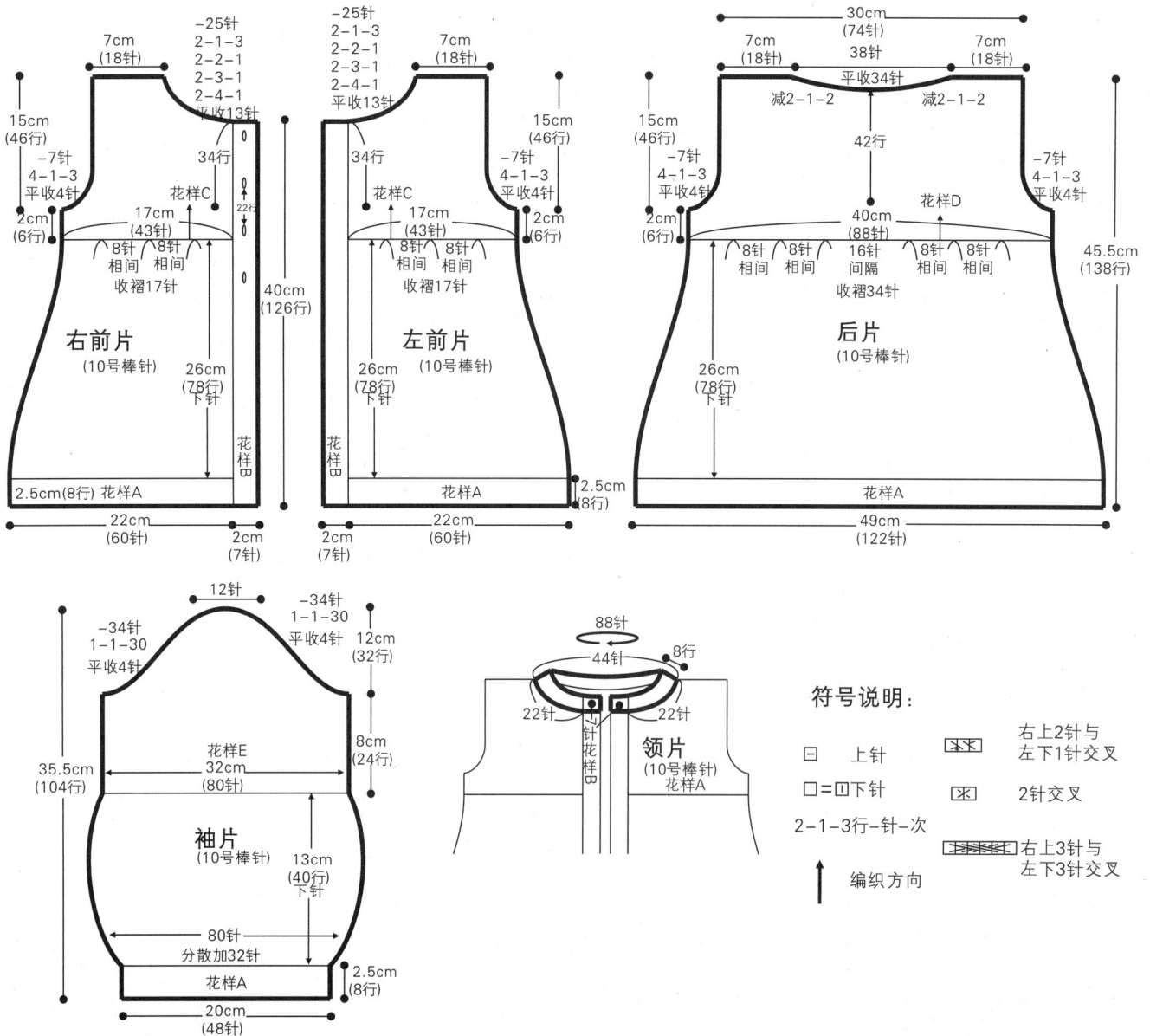

符号说明:

□ 上针

□=□ 下针

2-1-3行-针-次

↑ 编织方向

图示标注：

右前片（10号棒针）
7cm（18针）、−25针 2-1-3 2-2-1 2-3-1 2-4-1 平收13针、34行、花样C、15cm（46行）、−7针 4-1-3 平收4针、2cm（6行）、17cm（43针）、8针相间 8针相间 收褶17针、花样A、2.5cm（8行）花样A、22cm（60针）、40cm（126行）、花样B、2cm（7针）

左前片（10号棒针）
−25针 2-1-3 2-2-1 2-3-1 2-4-1 平收13针、7cm（18针）、34行、花样C、15cm（46行）、−7针 4-1-3 平收4针、2cm（6行）、17cm（43针）、8针相间 8针相间 收褶17针、26cm（78行）下针、花样A、花样B、2cm（7针）、22cm（60针）、2.5cm（8行）

后片（10号棒针）
30cm（74针）、7cm（18针）、38针 平收34针、7cm（18针）、减2-1-2 减2-1-2、42行、15cm（46行）、−7针 4-1-3 平收4针、2cm（6行）、40cm（88针）、花样D、8针相间 8针相间 16针间隔 8针相间 8针相间 收褶34针、26cm（78行）下针、花样A、45.5cm（138行）、49cm（122针）、−7针 4-1-3 平收4针

袖片（10号棒针）
12针、−34针 1-1-30 平收4针、−34针 1-1-30 平收4针、12cm（32行）、8cm（24行）、花样E 32cm（80针）、35.5cm（104行）、13cm（40行）下针、80针 分散加32针、花样A、2.5cm（8行）、20cm（48针）

领片（10号棒针）花样A
88针、44针、8行、22针、22针、花样B、7针

右上2针与左下1针交叉

2针交叉

右上3针与左下3针交叉

80

花样B(单罗纹)

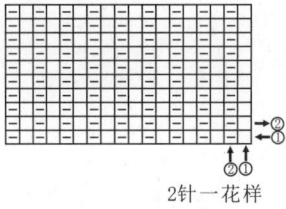

2针一花样

花样A(双罗纹)

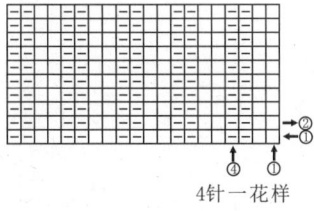

4针一花样

花样C

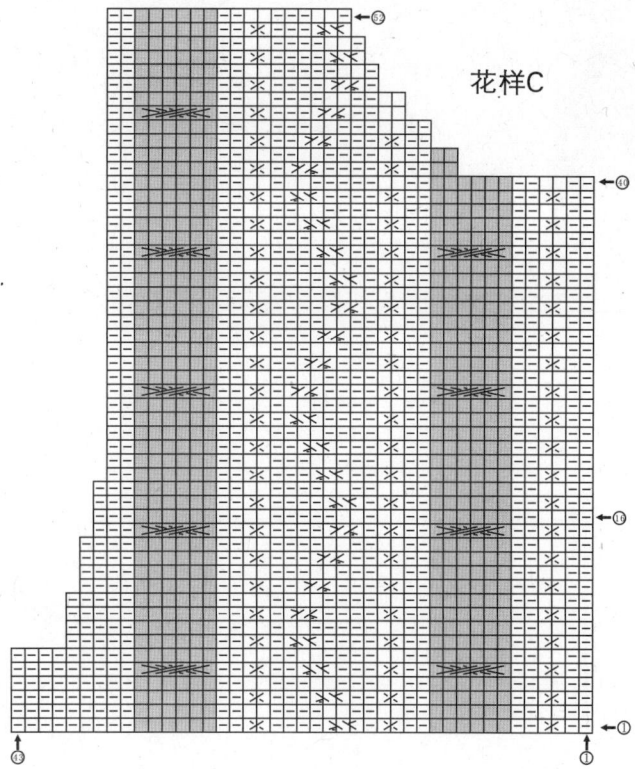

花样D

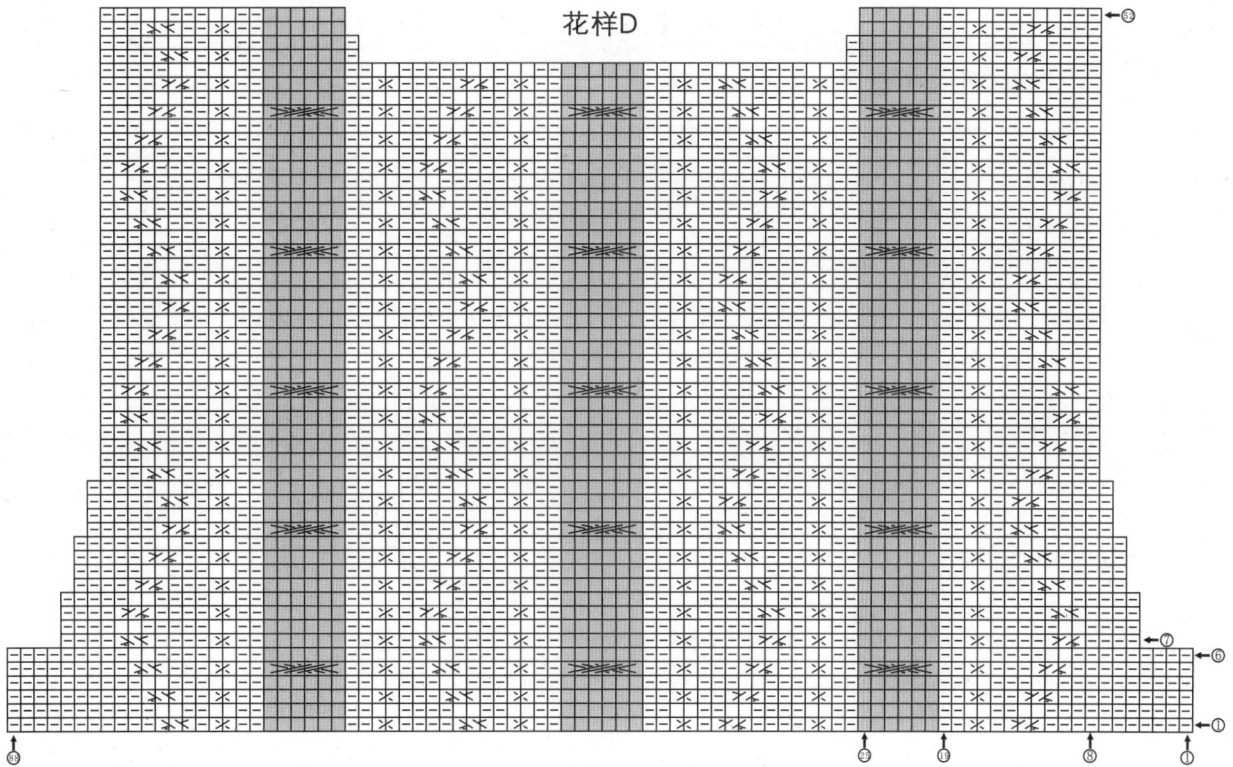

花样E

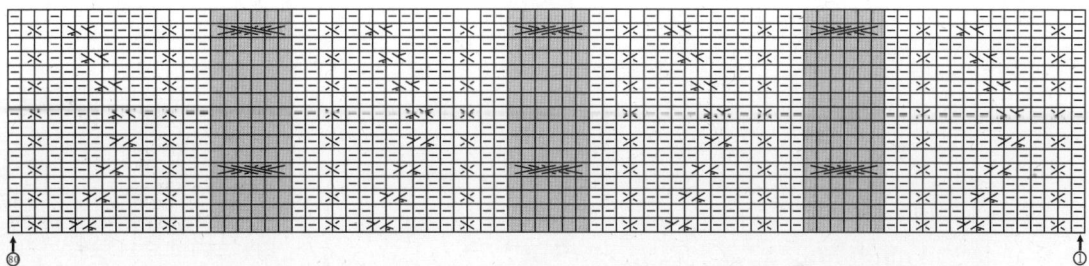

红色糖果衣

【成品规格】	衣长24cm，衣宽47cm
【工 具】	10号棒针，缝衣针
【编织密度】	30针×36行=10cm²
【材 料】	红色羊毛线300g

编织要点:

1. 毛衣用棒针编织，从中间往四周片织的长方形披肩。
2. 从中间起织。用4根棒针，下针起针法，每根棒针起4针，织花样A，并按花样A向四周编织，织至142针时，不用收针。
3. 图中A与B缝合，C与D缝合，形成披肩。
4. 下摆的针数继续编织花样B，并按花样B加针，织18行时针数为372针，收针断线。
5. 两边袖口分别挑适合针数，织10行花样B。毛衣编织完成。

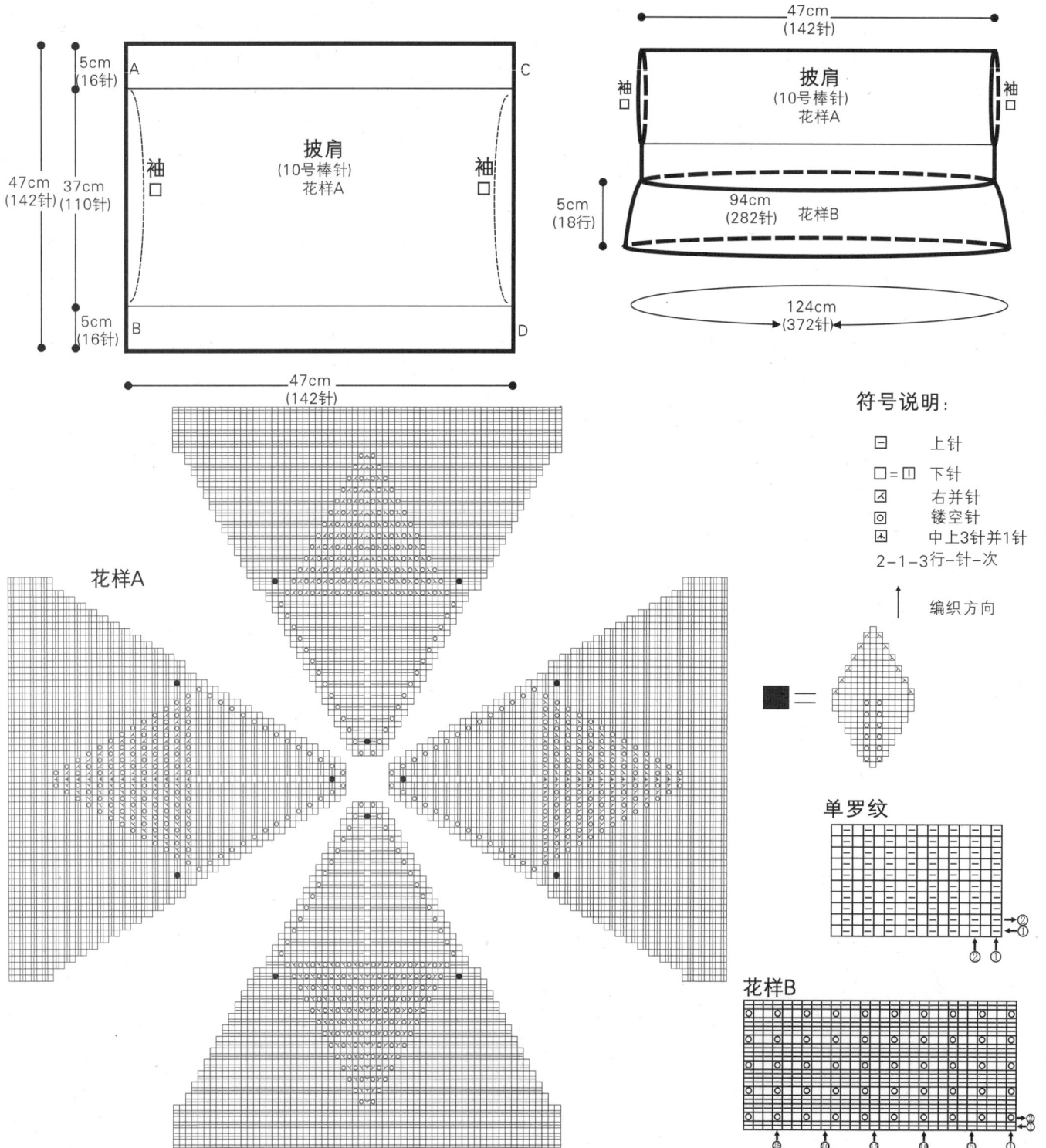

47cm
(142针)

披肩
(10号棒针)
花样A

5cm
(16针)
A
C

47cm
(142针)

37cm
(110针)

袖
□

披肩
(10号棒针)
花样A

袖
□

5cm
(16针)
B
D

47cm
(142针)

披肩
(10号棒针)
花样A

袖
□

袖
□

5cm
(18行)

94cm
(282针) 花样B

124cm
(372针)

47cm
(142针)

花样A

符号说明:

□ 上针
□=回 下针
☒ 右并针
回 镂空针
⋏ 中上3针并1针

2-1-3行-针-次

编织方向

■ =

单罗纹

花样B

小驴子斗篷

【成品规格】 衣长37cm，下摆宽48cm

【工 具】 10号棒针，缝衣针

【编织密度】 20针×32行=10cm²

【材 料】 红色羊毛线400g，白色线少许

编织要点：

1.毛衣用棒针编织，为一片式从上往下编织。

2.从领口起织，用下针起针法，起80针，先织花样A，并按花样A加针，共加至192针，织至52行时，改织全上针，织66行收针断线。

3.帽子编织。领圈边挑58针，织全下针，织42行后，两边平收20针，余18针继续织36行，A与B缝合，C与D缝合，形成帽子。

4.下摆、门襟至帽沿用白色线，挑适合针数，织6行全下针，形成卷边。

5.2个绒球的制作：用双线绕50圈，在中间扎紧，修剪成5cm的绒球，共制作2个，编织一根绳子，扎紧2个绒球，系到领圈上。

6.帽子的耳朵、眼睛和鼻子另织好，缝到帽子上。毛衣编织完成。

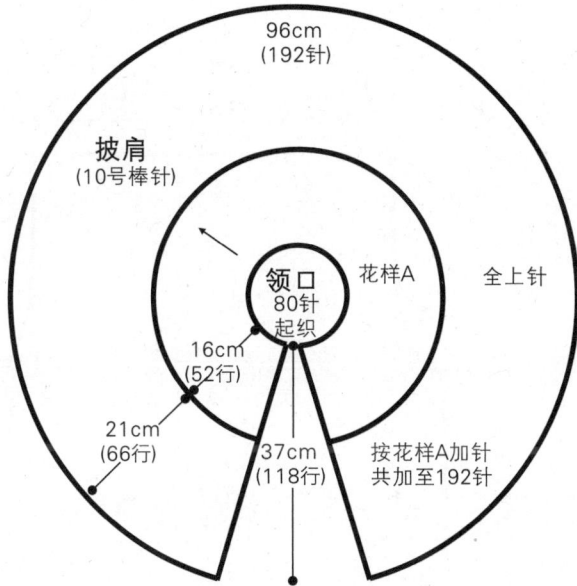

96cm
(192针)

披肩
(10号棒针)

领口
80针
起织

花样A

全上针

16cm
(52行)

21cm
(66行)

37cm
(118行)

按花样A加针
共加至192针

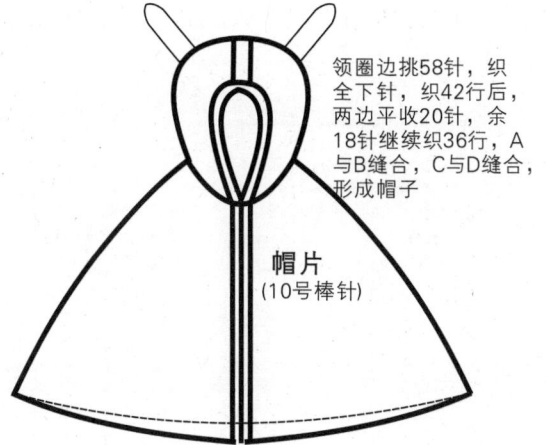

领圈边挑58针，织全下针，织42行后，两边平收20针，余18针继续织36行，A与B缝合，C与D缝合，形成帽子

帽片
(10号棒针)

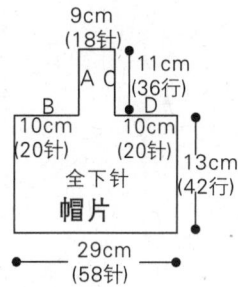

9cm
(18针)

11cm
(36行)

A C

B   D

10cm
(20针)

10cm
(20针)

全下针

13cm
(42行)

帽片

29cm
(58针)

全上针

全下针

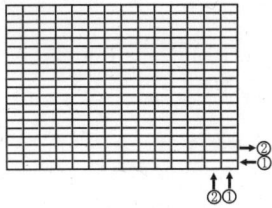

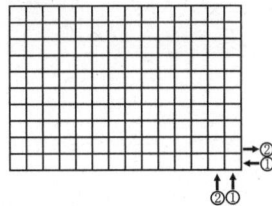

花样A

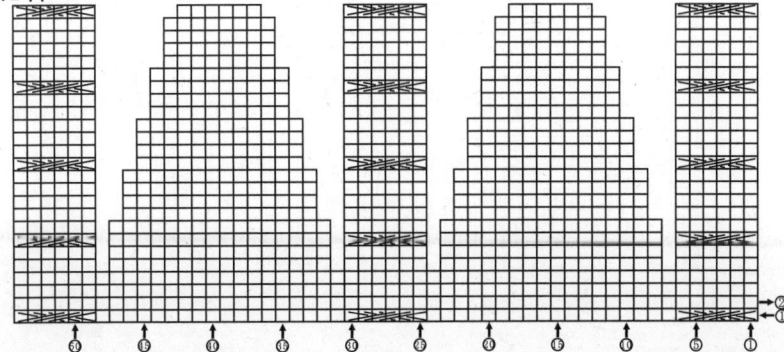

符号说明：

□   上针

□=□   下针

右上3针与
左下3针交叉

2-1-3 行-针-次

编织方向

83

绿色小清新装

【成品规格】 衣长43cm，下摆宽30cm，袖长9cm

【工　具】 10号棒针，缝衣针

【编织密度】 20针×30行=10cm²

【材　料】 绿色羊毛线400g，纽扣2枚

编织要点：

1. 毛衣用棒针编织，由2片前片、1片后片、2片袖片组成，从下往上编织。

2. 先编织前片。分右前片和左前片编织。

(1) 右前片，用下针起针法起30针，先织6行单罗纹后，改织花样A，侧缝不用加减针，织78行至袖窿。

(2) 袖窿以上的编织。右侧袖窿平收4针后减针，方法是每织2行减1针减4次，共减4针，不加不减平织38行至袖

窿。

(3) 同时从袖窿算起织至24行时，开始领窝减针，门襟平收4针后减针，方法是每2行减1针减6次，不加不减织10行至肩部余12针。

(4) 相同的方法，相反的方向编织左前片。

3. 编织后片。

(1) 用下针起针法，起60，先织6行单罗纹后，改织花样A，侧缝不用加减针，织78行至袖窿。

(2) 袖窿以上编织。袖窿开始减针，方法与前片袖窿一样。不用领窝减针，织至肩部余44针。

4. 编织袖片。从袖口织起，用下针起针法，起32针，先织6行单罗纹后，改织花样A，并开始两边袖山减针，方法是两边分别每2行减1针减10次，共减10针，编织完22行后余12针，收针断线。同样方法编织另一袖片。

5. 缝合。将前片的侧缝与后片的侧缝对应缝合，前后片的肩部对应缝合，袖山边线与衣身的袖窿边对应缝合。

6. 领子编织。领圈边挑66针，织6行单罗纹，形成开襟圆领。

7. 用缝衣针缝上纽扣，毛衣编织完成。

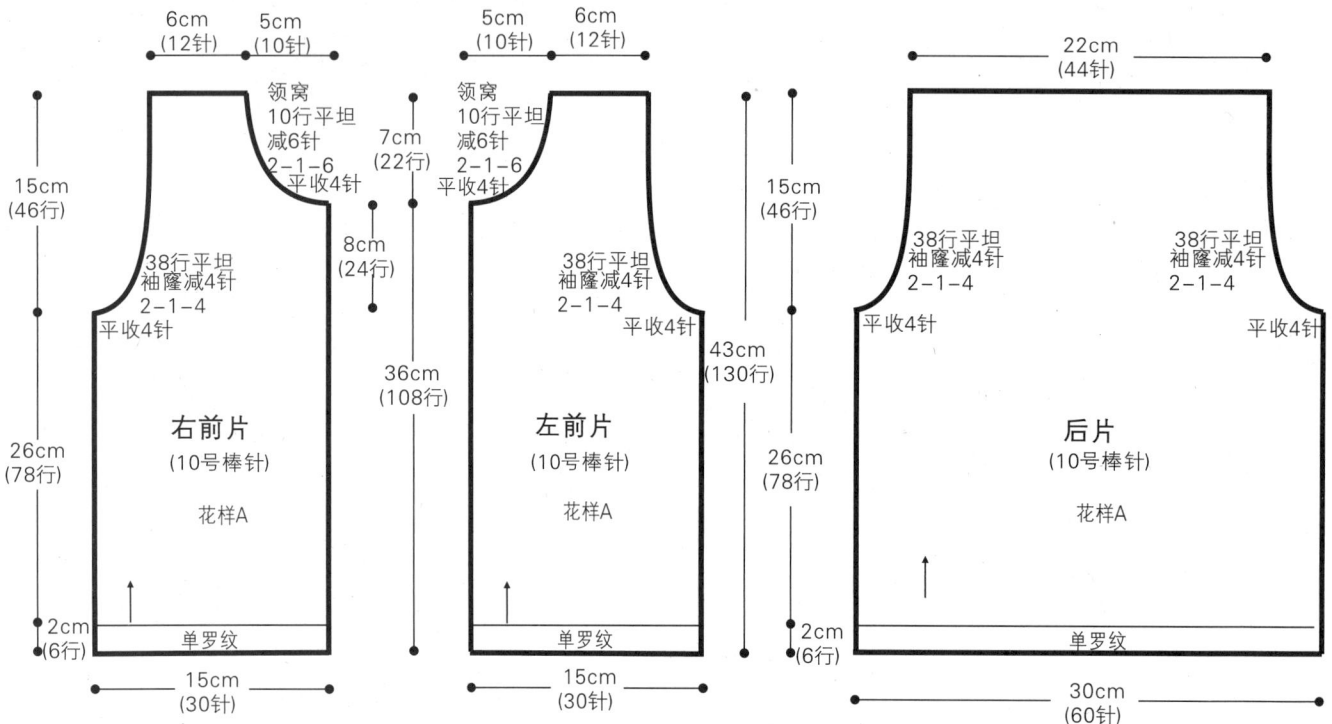

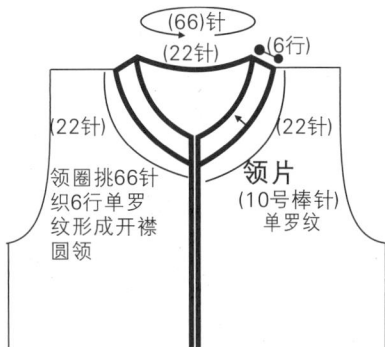

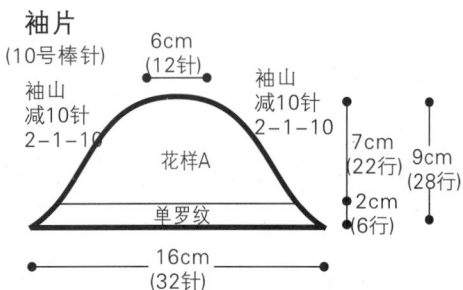

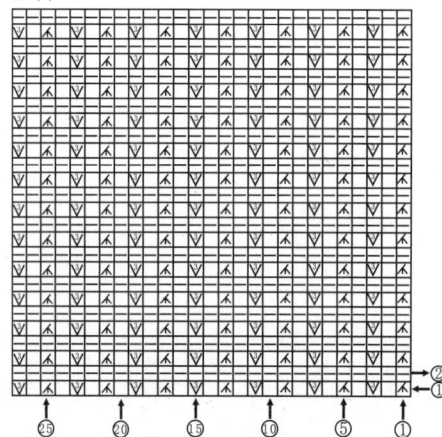

花样A

单罗纹

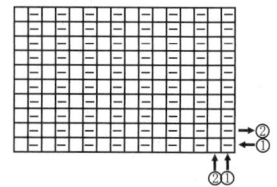

符号说明：

□　　上针

□=I　下针

Ⅴ　　1针放3针

Ⅺ　　3针合并1针

2-1-3行-针-次

↑　　编织方向

84

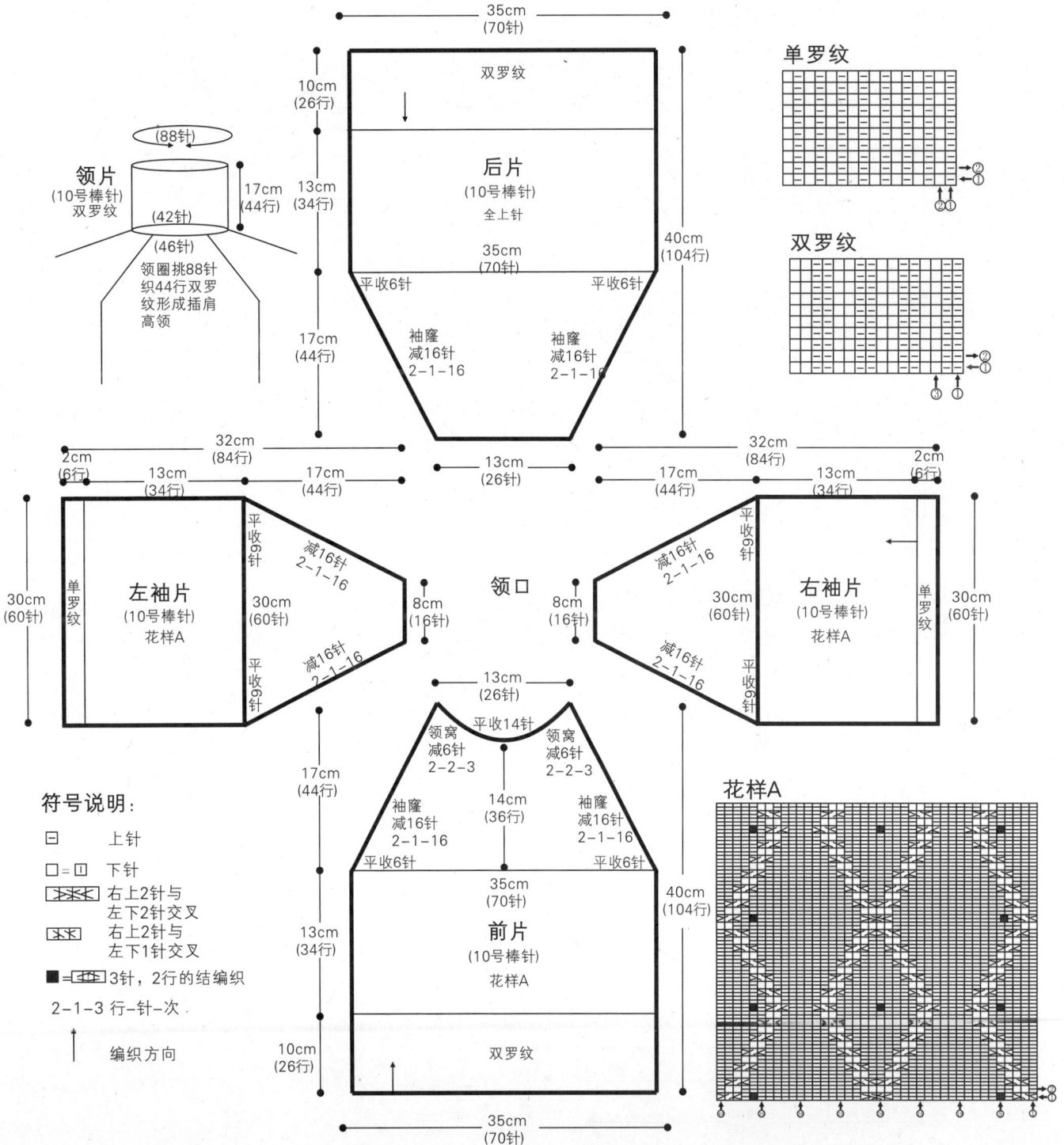

粉色蝙蝠衫

【成品规格】 衣长40cm，下摆宽35cm，连肩袖长32cm

【工　具】 10号棒针，缝衣针

【编织密度】 20针×26行=10cm²

【材　料】 粉色羊毛线200g

编织要点：

1. 毛衣用棒针编织，由1片前片、1片后片、2片袖片组成，从下往上编织。

2. 先编织前片。

(1) 用下针起针法，起70针，先织26行双罗纹后，改织花样A，侧缝不用加减针，织34行至插肩袖隆。

(2) 袖隆以上的编织。两边各平收6针后，进行袖隆减针，方法是每2行减1减16次，各减16针，织44行至顶部。

(3)同时织至从袖隆算起36行时，进行领窝减针，中间平收14针，然后两边各减6针，方法是每2行减2针减3次，织至肩部针数减完。

3. 编织后片。编织方法与前片一样，但后片不用开领窝，全部编织全下针，织至顶部余26针。

4. 编织袖片。用下针起针法，起60针，先织6行单罗纹后，改织花样A，两边袖下不用加减针，织至34行开始插肩减针，两边各平收6针后减针，方法是每2行减1针减16次，至顶部余16针，同样方法编织另一袖，收针断线。

5. 缝合。将前片的侧缝与后片的侧缝对应缝合。袖片的袖下分别缝合，袖片的插肩部与衣片的插肩部缝合。

6. 领片编织。领圈边挑88针，圈织44行双罗纹，形成插肩高领。毛衣编织完成。

符号说明：

⊡　上针

□=☐　下针

右上2针与左下2针交叉

右上2针与左下1针交叉

■=3针，2行的结编织

2-1-3 行-针-次

编织方向

85

气质圆领装

【成品规格】 衣长52cm，下摆宽29cm

【工　　具】 10号棒针，缝衣针

【编织密度】 30针×36行=10cm²

【材　　料】 粉红色羊毛线400g

编织要点:

1.毛衣用棒针编织，由2片前片、1片后片、2片袖片组成，从上往下编织。

2.先织肩部环形片部分。
(1)从花样A的外圆起164针，并按花样A减针，织36行至领口余80针。
(2)在花样A的外圆挑164针，按前后片和袖片留1针径，在径的两边加13针，加至260针，然后分片编织。
3.前后片编织。前片分出76针，在两边各平加6针织88针，继续编织全下针，织100行后，改织18行双罗纹，收针断线。后片对称分出76针，织法与前片一样。
4.袖片编织。分出54针，在两边各平加6针至66针，织8行双罗纹，收针断线。对称编织另一袖。
5.缝合。将两前片的侧缝和后片的侧缝缝合。两袖片的袖下分别缝合。毛衣编织完成。

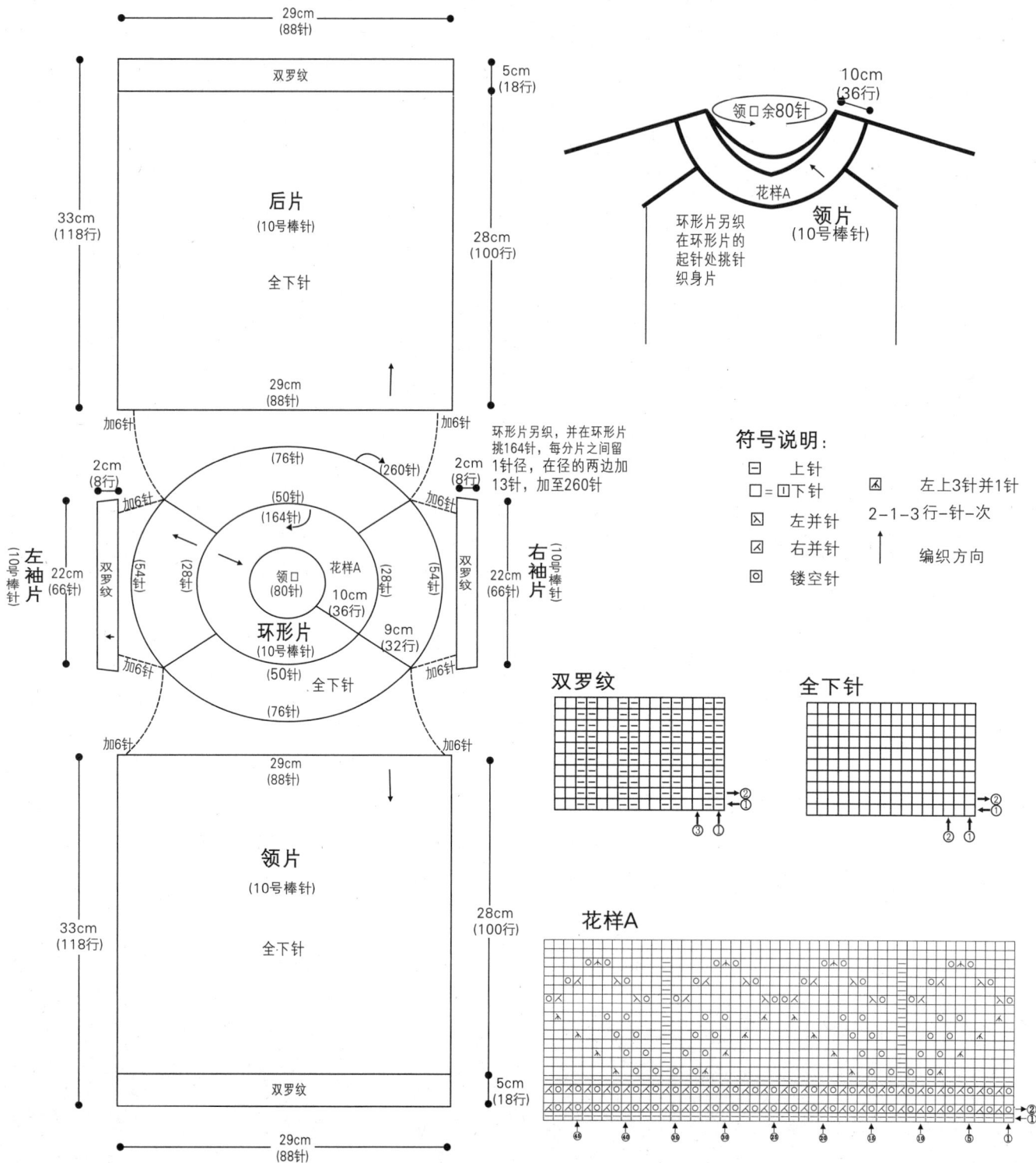

29cm (88针)
5cm (18行)
后片 (10号棒针) 全下针
33cm (118行)
28cm (100行)
29cm (88针)
加6针

10cm (36行)
领口余80针
花样A
领片 (10号棒针)
环形片另织在环形片的起针处挑针织身片

环形片另织，并在环形片挑164针，每分片之间留1针径，在径的两边加13针，加至260针

2cm (8行)
加6针
左袖片 (10号棒针)
双罗纹
22cm (66针)
加6针

(76针)
(50针)
(164针)
(260针)
领口 (80针)
10cm (36行)
环形片 (10号棒针)
(50针)
(76针)
花样A
(28针)
(54针)
全下针
9cm (32针)

2cm (8行)
加6针
右袖片 (10号棒针)
双罗纹
22cm (66针)
加6针

加6针
29cm (88针)
领片 (10号棒针) 全下针
33cm (118行)
28cm (100行)
双罗纹
5cm (18行)
29cm (88针)

符号说明:
⊟　上针
□=□　下针
⊠　左并针
⊠　右并针
⊡　镂空针
⊠　左上3针并1针
2-1-3行-针-次
↑　编织方向

双罗纹

全下针

花样A

86

活力娃娃装

【成品规格】 衣长45c，下摆宽38cm，袖长38cm

【工　具】 10号棒针，缝衣针

【编织密度】 20针×30行＝10cm²

【材　料】 白色、绿色羊毛线各200g，紫色线等少许，纽扣5枚

编织要点：

1.毛衣用棒针编织，由2片前片、1片后片、2片袖片组成，从下往上编织。

2.先编织前片。分右前片和左前片编织。

(1) 右前片，用下针起针法起38针，先织16行单罗纹后，改织全下针，并编入图案，侧缝不用加减针，织68行至袖隆。

(2) 袖隆以上的编织。右侧袖隆平收4针后减针，方法是每织2行减1针减4次，共减4针，不加不减平织44行至袖隆。

(3) 同时从袖隆算起织至28行时，开始领窝减针，门襟平收4针后减针，方法是每2行减1针减10次，不加不减

织4行至肩部余16针。

(4) 相同的方法，相反的方向编织左前片。

3.编织后片。

(1)用下针起针法，起76针，先织16行单罗纹后，改织全下针，并配色，侧缝不用加减针，织68行至袖隆。

(2)袖隆以上编织。袖隆开始减针，方法与前片袖隆一样。

(3) 同时织至从袖隆算起48时，开后领窝，中间平收24针，两边各减2针，方法是每2行减1针减2次，织至两边肩部余16针。

4.编织袖片。从袖口织起，用下针起针法，起44针，先织16行单罗纹后，改织全下针，并配色，袖侧缝两边加8针，方法是每8行加1针加8次，编织68行至袖隆。开始两边袖山减针，方法是两边分别每2行减2针减4次，每2行减1针减10次，共减18针，编织完30行后余16针，收针断线。同样方法编织另一袖片。

5.缝合。将前片的侧缝与后片的侧缝对应缝合，前后片的肩部对应缝合，再将两袖片的袖下缝合后，袖山边线与衣身的袖隆边对应缝合。

6.门襟编织。两边门襟分别挑84针，织6行单罗纹。右边门襟均匀地开扣眼。

7.领子编织。领圈边挑90针，织6行单罗纹，形成开襟圆领。

8.用缝衣针缝上纽扣，衣服编织完成。

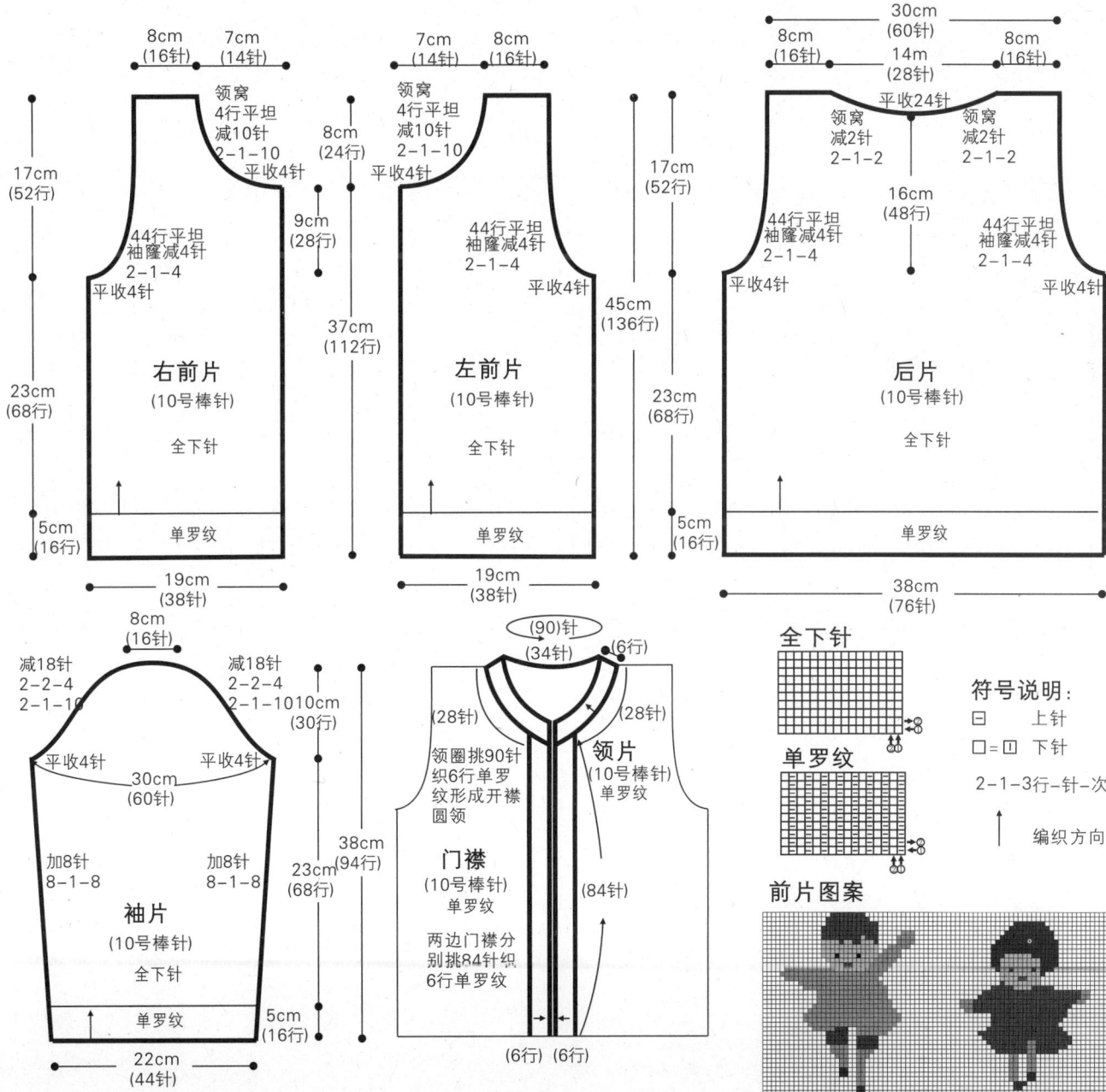

8cm (16针)　7cm (14针)

领窝 4行平坦 减10针 2-1-10 平收4针

8cm (24行)

17cm (52行)

44行平坦 袖隆减4针 2-1-4 平收4针

9cm (28行)

37cm (112行)

23cm (68行)

右前片 (10号棒针)

全下针

5cm (16行) 单罗纹

19cm (38针)

7cm (14针)　8cm (16针)

领窝 4行平坦 减10针 2-1-10 平收4针

44行平坦 袖隆减4针 2-1-4 平收4针

45cm (136行)

左前片 (10号棒针)

全下针

单罗纹

19cm (38针)

17cm (52行)

23cm (68行)

5cm (16行)

30cm (60针)

8cm (16针)　14m (28针)　8cm (16针)

平收24针

领窝 减2针 2-1-2　　领窝 减2针 2-1-2

16cm (48行)

44行平坦 袖隆减4针 2-1-4 平收4针　　44行平坦 袖隆减4针 2-1-4 平收4针

后片 (10号棒针)

全下针

单罗纹

38cm (76针)

8cm (16针)

减18针 2-2-4 2-1-10　　减18针 2-2-4 2-1-10

10cm (30行)

平收4针　　平收4针

30cm (60针)

加8针 8-1-8　　加8针 8-1-8

38cm (94行)

23cm (68行)

袖片 (10号棒针)

全下针

单罗纹

5cm (16行)

22cm (44针)

(90针) (34行) (6行)

(28针)　(28针)

领圈挑90针 织6行单罗纹形成开襟圆领

领片 (10号棒针) 单罗纹

门襟 (10号棒针) 单罗纹

两边门襟分别挑84针织6行单罗纹

(84针)

(6行) (6行)

全下针

□ 上针
□=□ 下针

单罗纹

符号说明：

2-1-3行-针-次

↑ 编织方向

前片图案

87

精品红色毛衣

【成品规格】	衣长45cm，胸宽32cm，肩宽22cm，袖长35cm
【工　　具】	10号棒针
【编织密度】	19针×27行=10cm²
【材　　料】	鲜红色兔绒线500g

编织要点：

1.棒针编织法。由前片2片、后片和2个袖片组成。
2.前后片织法，
(1)前片的编织，由左前片和右前片组成，以右前片为例说明。织片由3片叶子花组成，由花芯起织，18下针起织，分为3个花样A来回编织，依照花样A图解，织成66行的高度。第二步将右前片的左下角加出一个三角织块，图解见花样B，将左下角挑出26针，然后侧缝这边不加减针，近衣摆这端，进行减针，2-2-13，减至最后余下1针，收针断线。左前片和后片的两个左右下角的织法均相同，后面不再重复说明。相同的方法去编织左前片。
(2)后片的编织。后片由8片叶子花组成，即8组花样A，

由中心起织，起48针下针做一圈，每6针做一组，编织花样A，依照图解加针编织，织成66行。再织出两个左右下角花样B织块。
3.侧缝片的编织，可以单独编织再缝合，亦可以在前后片做侧缝的边上挑针编织，起39针，起织花样D搓板针，不加减针，织12行。编织两个侧缝片。
4.领片的编织。单罗纹起针法，起108针，起织花样E单罗纹针，不加减针，织34行的高度后，收针断线。
5.袖片织法。从袖口起织，单罗纹起针法，起46针，起织花样C，不加减针，织24行的高度后，下一行起全织花样D搓板针，并在袖侧缝上加针，8-1-10，织成80行，不加减针，再织12行至袖山，下一行袖山减针，两边各收针6针，然后1-1-22，织成22行。
6.缝合。将各片织完成后，依照结构图所示，双箭头虚线表示连接的点，将两个侧缝片各与前后片进行缝合，再将肩部对应缝合，最后将领片与形成的前后衣领边进行缝合。
7.沿着缝合后的下摆边，挑出192针，起织花样C，不加减针，织20行的高度后，收针断线。再分别沿着左右衣襟边，挑出120针，起织花样C，不加减针，织20行的高度后收针断线。右衣襟制作5个扣眼。每2个扣眼之间相隔20针。最后将两个袖片的袖山边线，与衣身的袖窿边线对应缝合，再将袖侧缝缝合。衣服完成。

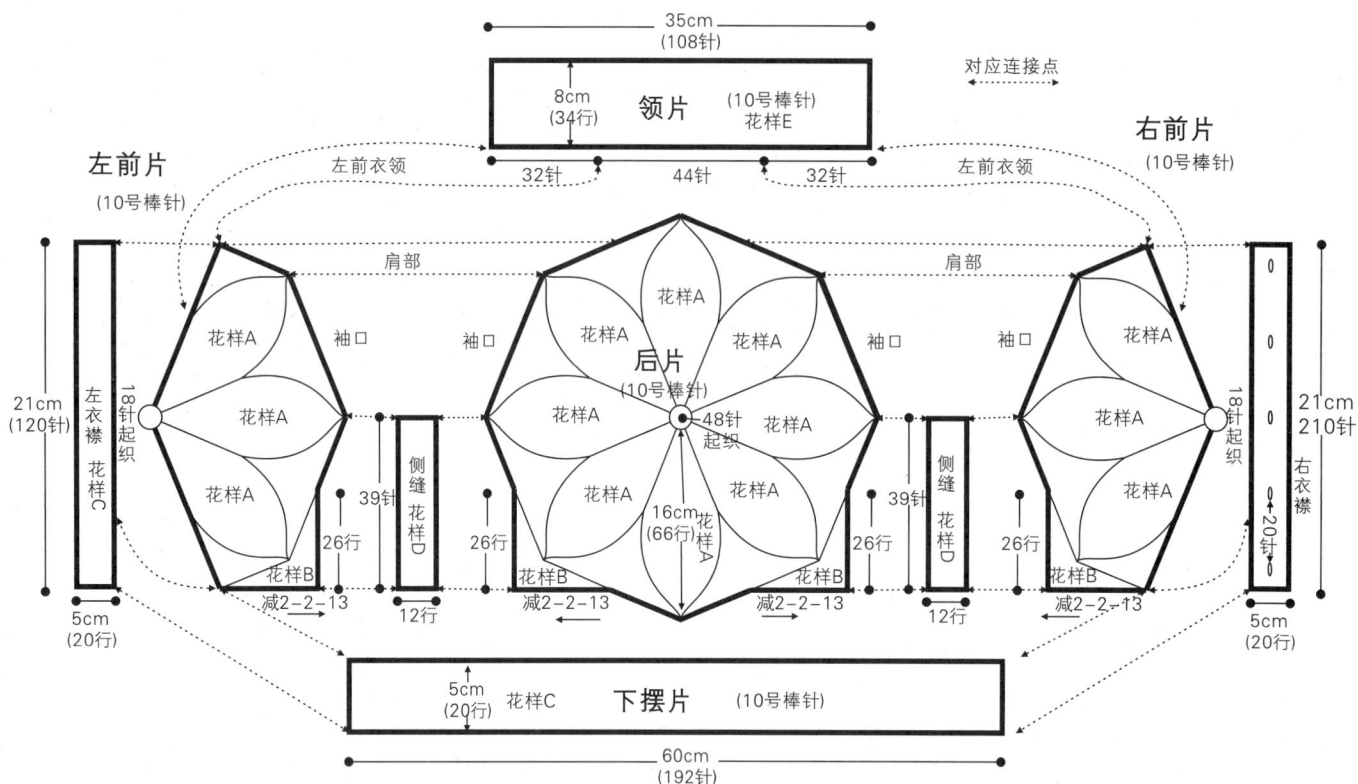

结构图标注：

领片：35cm（108针），8cm（34行），（10号棒针）花样E，32针　44针　32针

对应连接点

左前片（10号棒针）　左前衣领　左前衣领　右前片（10号棒针）

肩部　肩部

左衣襟　花样C　18针起织　21cm（120针）　5cm（20行）

花样A　袖口　花样A　后片（10号棒针）48针起织　花样A　袖口　花样A　18针起织　右衣襟　20针　21cm　210针　5cm（20行）

侧缝 花样D　39针　26行　12行　16cm（66行）　花样B　减2-2-13

下摆片（10号棒针）　5cm（20行）花样C　60cm（192针）

符号说明：

□ 上针
□=□ 下针
2-1-3行-针-次

☒ 左并针
☒ 右并针
☒ 镂空针

↑ 编织方向

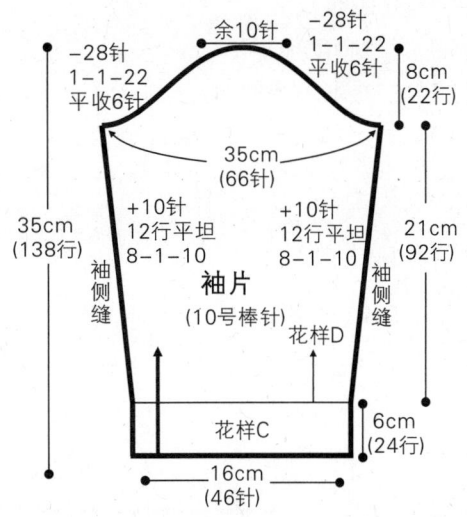

余10针
-28针
1-1-22
平收6针

-28针
1-1-22
平收6针

8cm
(22行)

35cm
(138行)

35cm
(66针)

+10针
12行平坦
8-1-10

+10针
12行平坦
8-1-10

21cm
(92行)

袖
侧
缝

袖片
(10号棒针)

花样D

袖
侧
缝

花样C

6cm
(24行)

16cm
(46针)

花样A

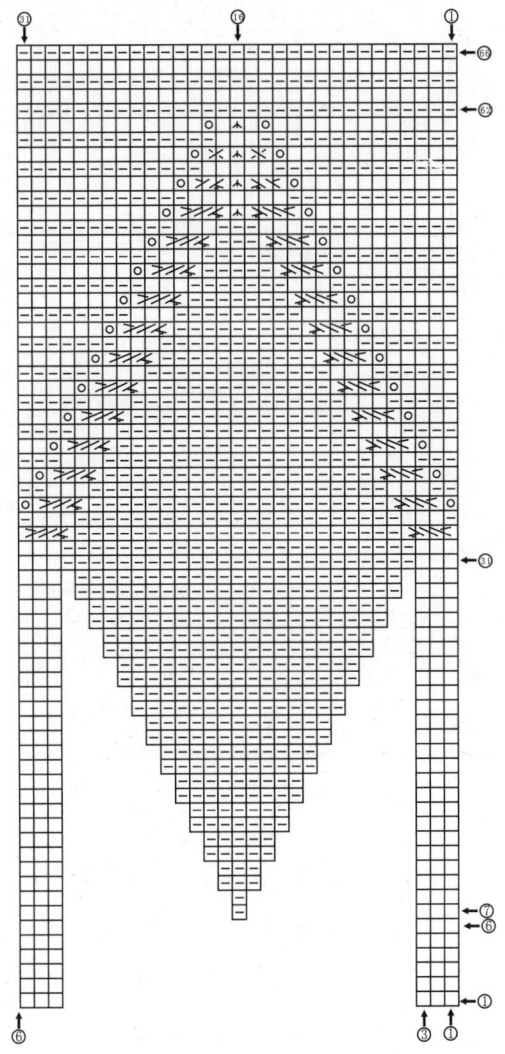

花样B

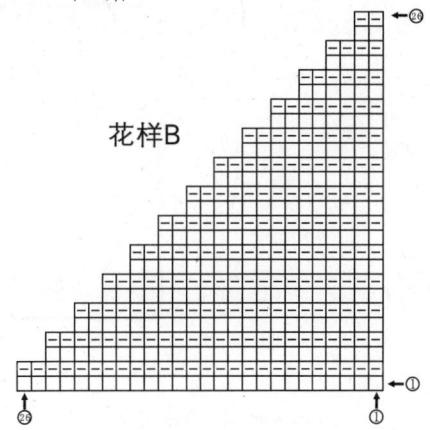

花样C

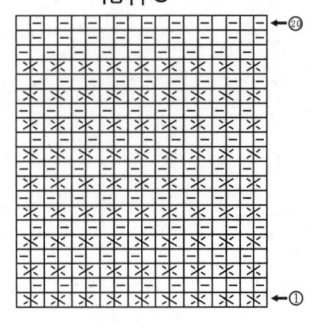

花样D(搓板针)

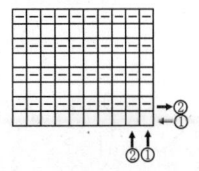

花样E(单罗纹)

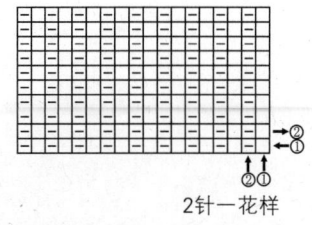

2针一花样

KITTY图案毛衣

【成品规格】 衣长44cm，下摆宽34cm，连肩袖长44cm

【工　　具】 10号棒针

【编织密度】 24针×32行＝10cm²

【材　　料】 红色羊毛线400g，蓝色等线少许

编织要点：

1. 毛衣用棒针编织，由1片前片、1片后片、2片袖片组成，从上往下编织。
2. 先织领口环形片。从领圈起织，用下针起针法起

100针，先织14行花样A，形成圆领，并开始分前后片和两边袖片，织全下针，每分片的中间留2针径，并在两边按花样B加针，方法是每2行加1针加22次，织完58行时，织片的针数276针，环形片完成。
3. 开始分出前片、后片和2片袖片。
(1) 前片，分出74针，两边各平加4针至82针，继续织全下针并编入图案，侧缝不用加减针，织68行后，改织16行花样A，收针断线。
(2) 后片，分出74针，编织方法与前片一样。
(3)左右袖片，左袖片分出64针，继续织全下针，袖下减针，方法是每4行减1针减12次，织至68行后，改织16行花样A，收针断线。同样方法编织右袖片。
4. 缝合。将前片的侧缝和后片的侧缝缝合。两袖片的袖下分别缝合。毛衣编织完成。

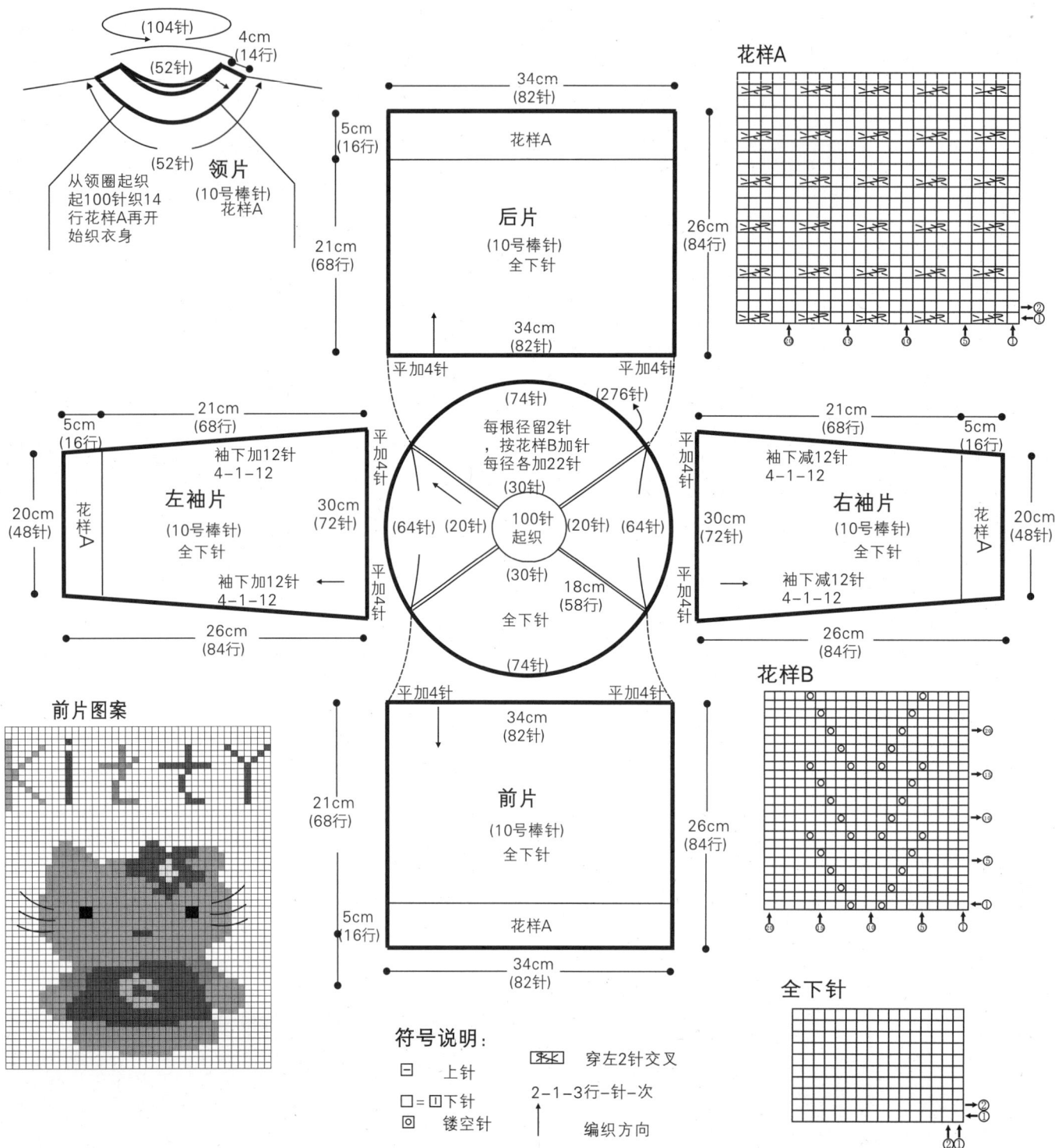

领片
从领圈起织
起100针织14
行花样A再开
始织衣身
(104针) 4cm (14行)
(52针)
(52针)
(52针)
(10号棒针)
花样A

花样A

后片
(10号棒针)
全下针
34cm (82针)
花样A
5cm (16行)
21cm (68行)
34cm (82针)
平加4针　平加4针

左袖片
(10号棒针)
全下针
袖下加12针
4-1-12
21cm (68行)
5cm (16行)
20cm (48针)
30cm (72针)
26cm (84行)
花样A
平加4针
平加4针

每根径留2针
，按花样B加针
每径各加22针
100针起织
(74针)
(276针)
(30针)
(64针)(20针)(20针)(64针)
(30针)
18cm (58行)
全下针
(74针)

右袖片
(10号棒针)
全下针
袖下减12针
4-1-12
21cm (68行)
5cm (16行)
20cm (48针)
30cm (72针)
26cm (84行)
花样A
平加4针
平加4针

前片图案

前片
(10号棒针)
全下针
34cm (82针)
21cm (68行)
5cm (16行)
26cm (84行)
花样A
平加4针　平加4针
34cm (82针)

花样B

全下针

符号说明：

□　上针
□＝□下针
回　镂空针

穿左2针交叉
2-1-3行-针-次
编织方向

90

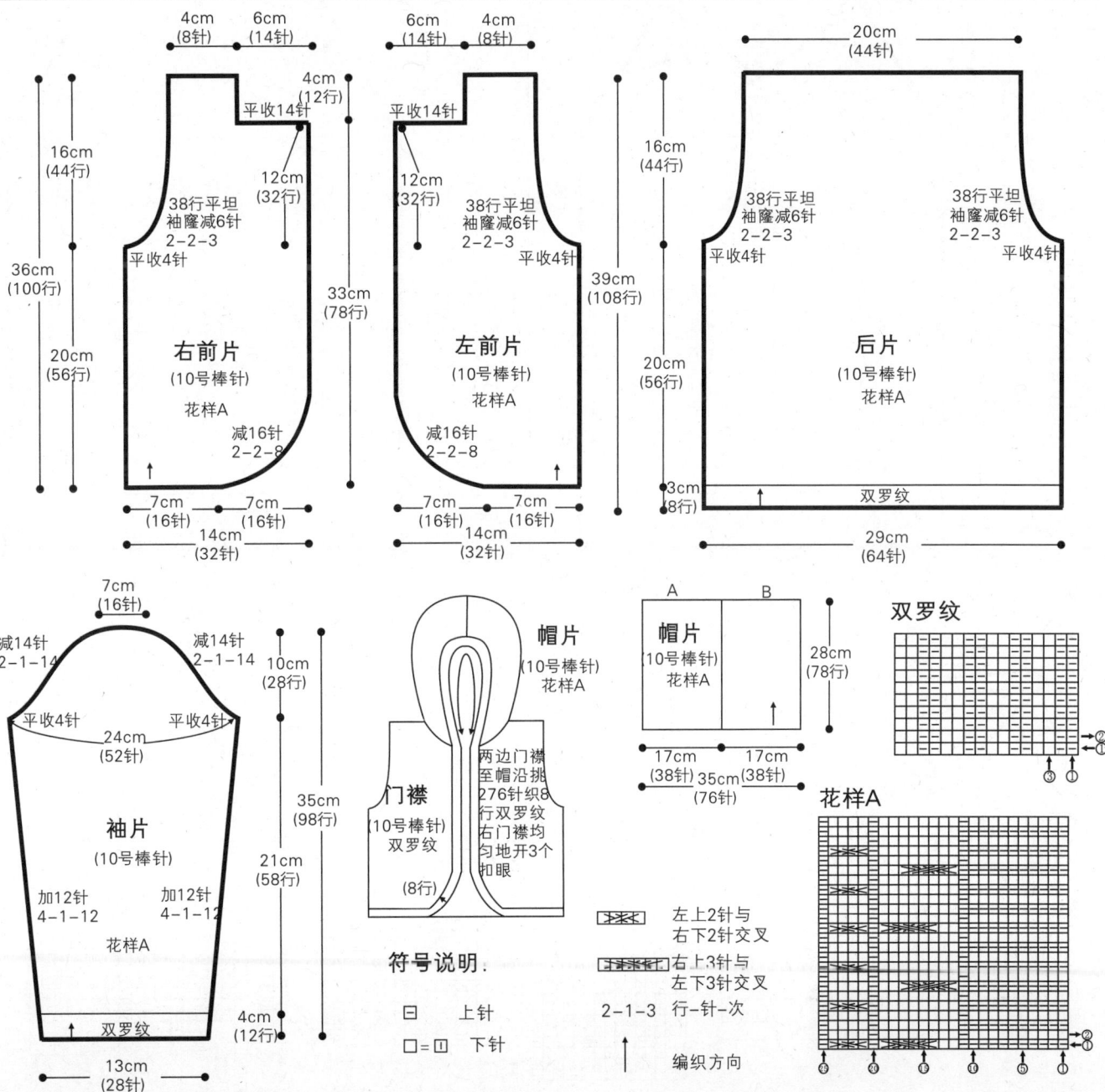

连帽休闲毛衣

【成品规格】 衣长39cm，下摆宽29cm，袖长

【工　具】 10号棒针，缝衣针

【编织密度】 22针×28针=10cm²

【材　料】 红色羊毛线400g，纽扣3枚

编织要点：

1. 毛衣用棒针编织，由2片前片、1片后片、2片袖片组成，从下往上编织。

2. 先编织前片。分右前片和左前片编织。

(1) 右前片，用下针起针法起32针，织花样A，门襟侧减16针，方法是每2行减2针减8次，侧缝不用加减针，织56行至袖窿。

(2) 袖窿以上的编织。袖窿平收4针后，减6针，方法是每织2行减2针减3次。不加不减织38行至肩部。

(3) 同时从袖窿算起织至32行时，门襟侧平收14针，

不加不减织12行至肩部余8针。

(4) 相同的方法，相反的方向编织左前片。

3. 编织后片。

(1) 用下针起针法起64针，先织8行双罗纹后，改织花样A，侧缝不用加减针，织56行至袖窿。

(2) 袖窿以上编织。袖窿两边各收4针后减针，方法与前片袖窿一样。领窝不用加减针，织44行至肩部余44针。

4. 编织袖片。从袖口织起，下针起针法起28针，先织12行双罗纹后，织全上针，袖下加12针，方法是每4行加1针加12次，编织58行至袖窿。两边分别平收4针后进行袖山减针，方法是每2行减1针减14次，织完28行后余16针，收针断线。同样方法编织另一袖片。

5. 缝合。将前片的侧缝与后片的侧缝对应缝合，前后片的肩部对应缝合，再将两袖片的袖山边线与衣身的袖窿边对应缝合。

6. 帽子编织。领圈边挑76针，织78行花样A，顶部A与B缝合，形成帽子。

7. 两边门襟至帽沿挑276针，编织8行双罗纹，右门襟均匀地开3个扣眼。

8. 用线绕28cm的70圈，用线扎把做成帽球，缝合到帽顶，用缝衣针缝上纽扣。衣服编织完成。

右前片
(10号棒针)
花样A

左前片
(10号棒针)
花样A

后片
(10号棒针)
花样A

袖片
(10号棒针)
花样A

帽片
(10号棒针)
花样A

门襟
(10号棒针)
双罗纹
(8行)

双罗纹

花样A

符号说明：

□　上针

□=Ⅰ　下针

↑　编织方向

左上2针与右下2针交叉

右上3针与左下3针交叉

2-1-3　行-针-次

91

个性背心裙

【成品规格】 衣长52cm，下摆宽29cm

【工 具】 10号棒针，缝衣针

【编织密度】 32针×40行=10cm²

【材 料】 粉色羊毛线400g

编织要点:

1. 插肩毛衣用棒针编织，由1片前片、1片后片组成，从下往上编织。

2. 先编织前片。

(1) 用下针起针法，起88针，先织24行双罗纹后，改织全下针，侧缝不用加减针，织128行至插肩袖窿。

(2) 袖窿以上的编织。两边进行插肩袖窿减针，方法是每4行减2针减12次，各减24针，织48行至顶部。

(3) 同时从袖窿算起织至20行时，开始领窝减针，方法是两边分别减18针，每4行减3针减6次，织至28行时，肩部余下2针。

3. 编织后片。

(1) 用下针起针法起116针，先织24行双罗纹后，改织花样A，侧缝不用加减针，织128行至插肩袖窿。

(2) 袖窿以上编织。两边袖窿平收8针后，进行插肩袖窿减针，方法是每4行减2针减13次，各减26针，织至顶部余48针。

4. 缝合。将前片的侧缝与后片的侧缝对应缝合。

5. 袖口编织。两边袖口分别挑68针，织6行双罗纹。

6. 领片编织。领片另织，起18针，织228行花样A，按结构图缝合前后片，形成V领。

7. 前片口袋另织。起44针，先织12行双罗纹后，改织全下针，织16行后开始单边减针，方法是每2行减2针减14次 每4行减2针减8次，织60行时，针数减完，对称织另一片，按图缝合到前片上。毛衣编织完成。

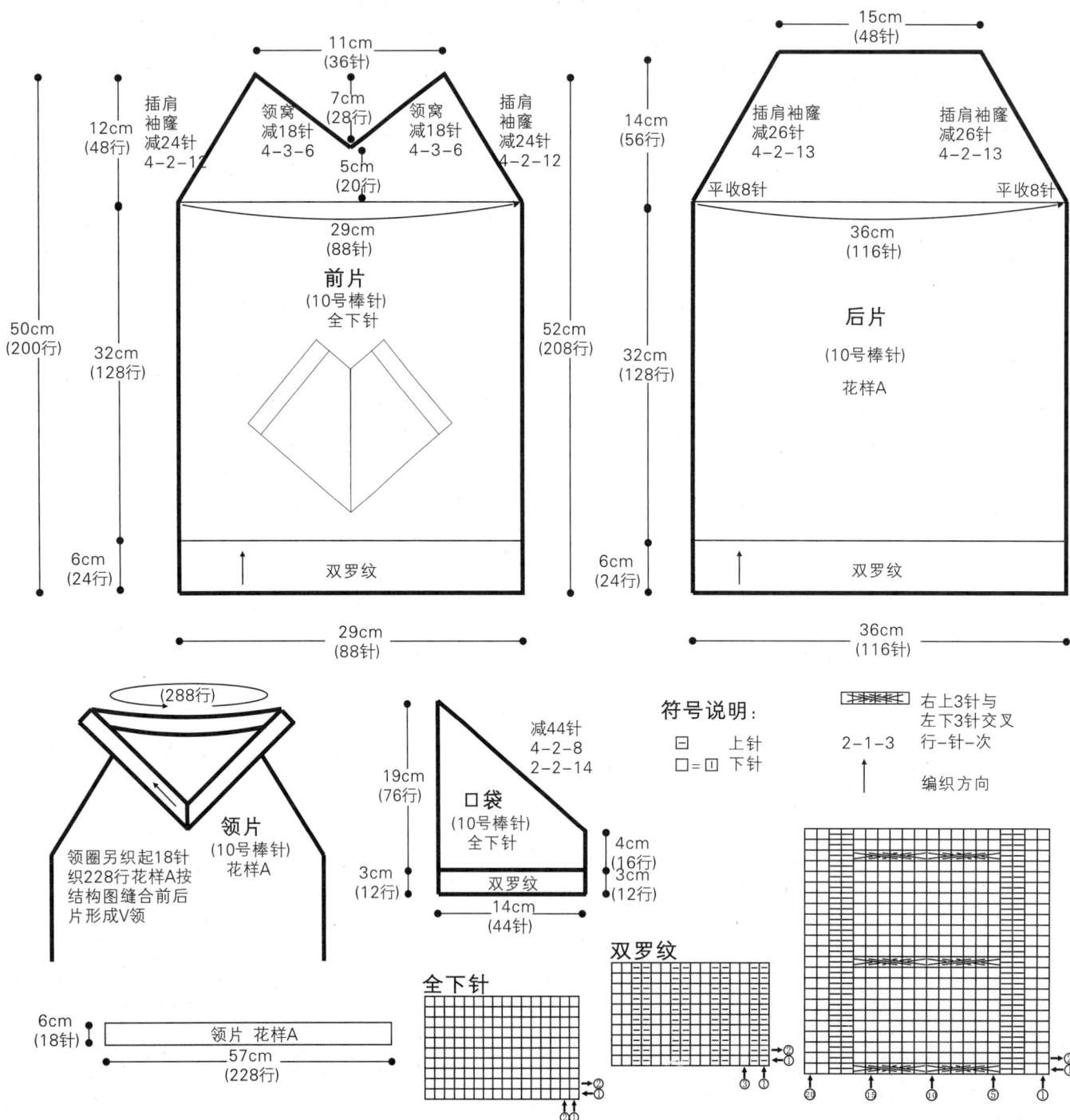

11cm
(36针)

7cm
(28行)

插肩袖窿
减24针
4-2-12

领窝
减18针
4-3-6

领窝
减18针
4-3-6

插肩袖窿
减24针
4-2-12

5cm
(20行)

12cm
(48行)

29cm
(88针)

前片
(10号棒针)
全下针

50cm
(200行)

32cm
(128行)

6cm
(24行)

双罗纹

29cm
(88针)

15cm
(48针)

插肩袖窿
减26针
4-2-13

插肩袖窿
减26针
4-2-13

14cm
(56行)

平收8针   平收8针

36cm
(116针)

后片
(10号棒针)
花样A

52cm
(208行)

32cm
(128行)

6cm
(24行)

双罗纹

36cm
(116针)

(288行)

领片
(10号棒针)
花样A

领圈另织起18针
织228行花样A按
结构图缝合前后
片形成V领

减44针
4-2-8
2-2-14

19cm
(76行)

口袋
(10号棒针)
全下针

双罗纹

3cm
(12行)

4cm
(16行)

3cm
(12行)

14cm
(44针)

符号说明:

□ = 上针

□ = □ 下针

2-1-3

右上3针与
左下3针交叉
行-针-次

编织方向

6cm
(18针)

领片 花样A

57cm
(228行)

全下针

双罗纹

粉色短袖裙

【成品规格】 衣长51cm，下摆宽44cm，肩宽24cm，袖长15cm

【工　　具】 10号棒针，缝衣针

【编织密度】 18针×24行=10cm²

【材　　料】 粉色羊毛线300g

编织要点：

1. 毛衣用棒针编织，由1片前片、1片后片、2片袖片组成，从下往上编织。

2. 先编织前片。

(1) 用下针起针法起80针，先织28行花样C后，改织花样A，侧缝不用加减针，织24行即分散减16针，此时针数为64针，改织12行花样B，再改织花样A，织16行至袖窿。

(2) 袖窿以上的编织。两边袖窿平收4针后减针，方法是每2行减1针减6次，各减6针，不加不减织28行至肩部。

(3) 同时从袖窿算起织至18行时，开始开领窝，中间平收12针，然后两边减针，方法是每2行减1针减8次，各减8针，不加不减织6行，至肩部余8针。

3. 编织后片。

(1) 袖窿和袖窿以下编织方法与前片一样。

(2) 同时从袖窿算起织至34行时，开始开领窝，中间平收22针，然后两边减针，方法是每2行减1针减3次，各减3针，至肩部余8针。

4. 袖片编织。用下针起针法，起52针，织4行单罗纹后，改织花样A，袖下不用加减针，织至8行时，两边平收4针，开始袖山减针，方法是每2行减2针减2次，每2行减1针减10次，至顶部余16针。

5. 缝合。将前片的侧缝与后片的侧缝对应缝合。前片的肩部与后片的肩部缝合，两边袖片的袖下缝合后，分别与衣片的袖边缝合。

6. 领圈编织。领圈边挑88针，织8行双罗纹，形成圆领。毛衣编织完成。

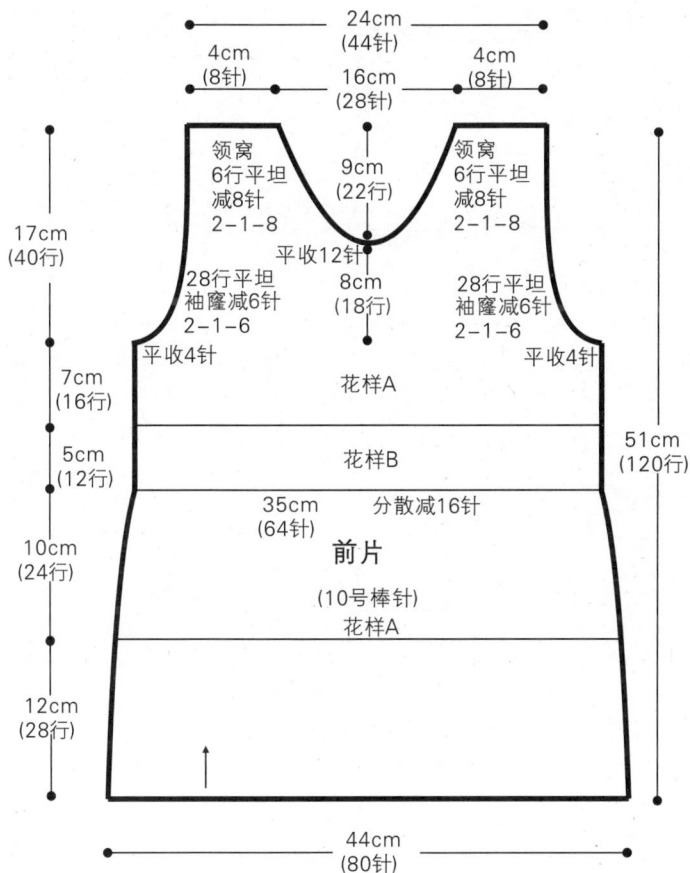

前片

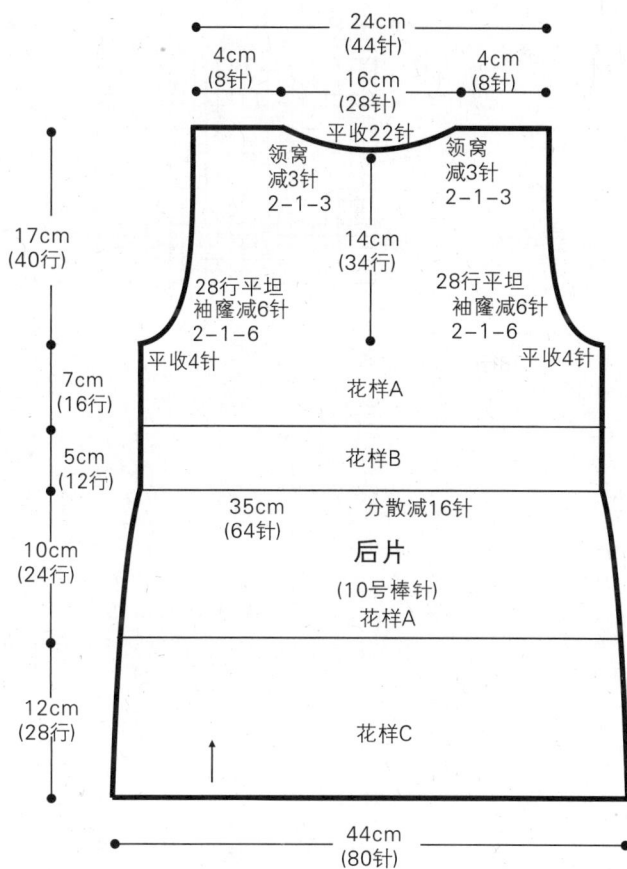

后片

双罗纹

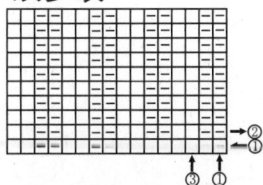

单罗纹

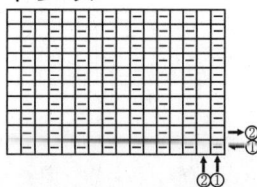

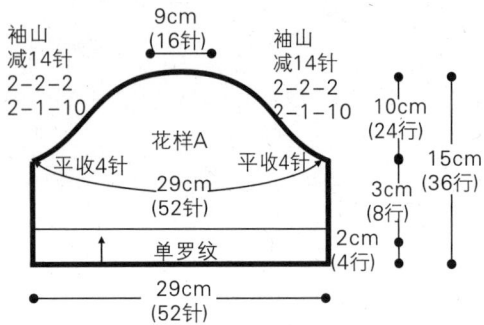

9cm
(16针)

袖山
减14针
2-2-2
2-1-10

袖山
减14针
2-2-2
2-1-10

花样A

平收4针   平收4针

29cm
(52针)

单罗纹

29cm
(52针)

10cm
(24行)

15cm
(36行)

3cm
(8行)

2cm
(4行)

袖片
(10号棒针)

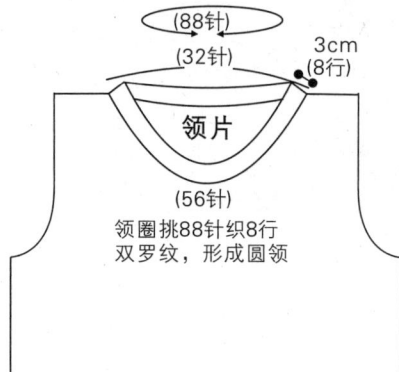

(88针)

3cm
(8行)

(32针)

领片

(56针)

领圈挑88针织8行
双罗纹，形成圆领

花样A

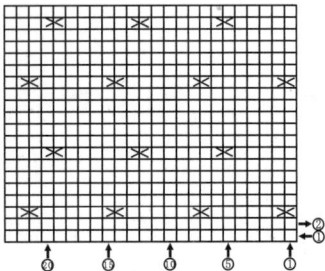

符号说明：

▱ 上针

□=□ 下针

☒ 左上3针并1针

⊡ 镂空针

☒☒☒ 左上1针与
右下2针交叉

☒ 右上1针与
左下1针交叉

2-1-3行-针-次

↑ 编织方向

花样C

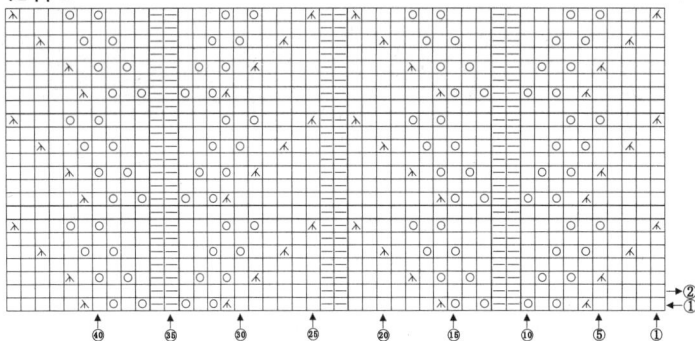

花样B

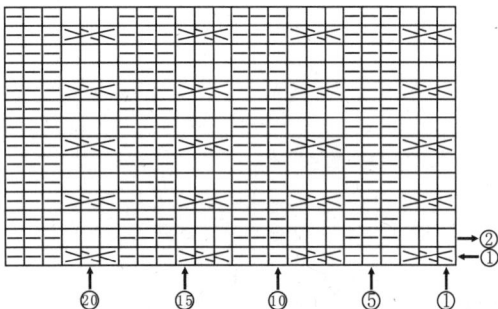

94

韩式长袖装

【成品规格】 衣长44cm，下摆宽49cm，肩宽25cm

【工 具】 10号棒针，缝衣针

【编织密度】 20针×28行=10cm²

【材 料】 粉红色羊毛线400g，黑色、灰色线少许，纽扣3枚，丝带1条

编织要点：

1. 毛衣用棒针编织，由1片前片、1片后片和2片袖片组成，从下往上编织。

2. 先编织前片。

(1) 用下针起针法，起98针，先织6行花样A后，改织全下针，并编入图案，侧缝不用加减针，织70行至袖隆。

(2) 袖隆以上编织。袖隆两边平收6针，余下针数不加不减织60行至肩部，再织8行时，分散减36针，此时针数为50针。同时分2片编织，左片织28针，门襟处留6针织花样A。

(3) 织26行时，开始领窝减针，中间6针不用收针待用，两边各减10针，方法是每2行减1针减10次，不加不减

织4行至肩部余12针。

(4) 织右片时，在左片门襟内侧挑6针，与剩下的针数一起共28针，与左片织法一样。

3. 后片编织。

(1) 用下针起针法，起98针，先织6行花样A后，改织全下针，并编入图案，侧缝不用加减针，织70行至袖隆。

(2) 袖隆以上编织。织片改织花样A，袖隆两边平收6针，余下针数不加不减织60行至肩部。

(3) 同时织8行时分散减36针，此时针数为50针数，再织34行时，开始领窝减针，中间平收20针，两边各减3针，方法是每2行减1针减3次，至肩部余12针。

4. 袖片编织。从袖口织起，用下针起针法起40针，织6行花样A后，改织全下针，编入图案，并分散加16针至56针，袖下不用加减针，织78行时，两边平收6针后，进行袖山减针，方法是每2行减1针减12次，织26行至顶部余20针。同样方法编织另一袖片。

5. 缝合。将前片的侧缝与后片的侧缝对应缝合。前后片的侧缝缝合，两袖的袖下缝合后，与衣片的袖隆边缝合。

6. 领子编织。领圈边挑82针，与门襟留用的6针一起，织6行花样A，形成圆领。

7. 缝上纽扣和丝带，毛衣编织完成。

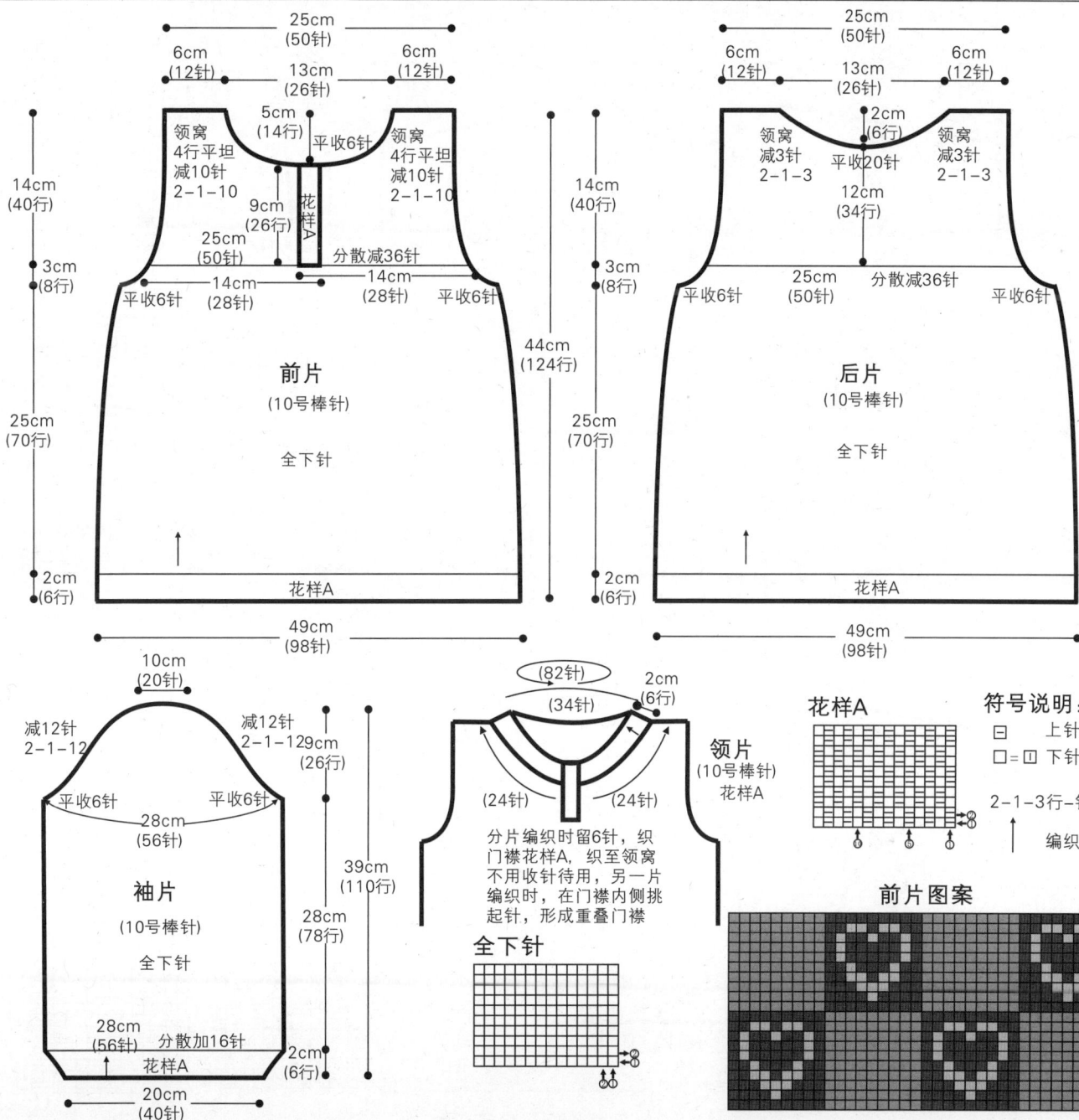

前片

25cm (50针)

6cm (12针)　13cm (26针)　6cm (12针)

5cm (14行)　平收6针

领窝 4行平坦 减10针 2-1-10　　领窝 4行平坦 减10针 2-1-10

9cm (26行) 花样A

14cm (40行)

25cm (50针)

14cm (28针)　分散减36针

3cm (8行)

平收6针　14cm (28针)　平收6针

前片 (10号棒针) 全下针

25cm (70行)

2cm (6行) 花样A

49cm (98针)

后片

25cm (50针)

6cm (12针)　13cm (26针)　6cm (12针)

2cm (6行)

领窝 减3针 2-1-3　平收20针　领窝 减3针 2-1-3

12cm (34行)

14cm (40行)

25cm (50针) 分散减36针

3cm (8行)

平收6针　平收6针

后片 (10号棒针) 全下针

44cm (124行)

25cm (70行)

2cm (6行) 花样A

49cm (98针)

袖片

10cm (20针)

减12针 2-1-12　减12针 2-1-12

9cm (26行)

平收6针　平收6针

28cm (56针)

袖片 (10号棒针) 全下针

39cm (110行)

28cm (78行)

28cm (56针) 分散加16针

2cm (6行) 花样A

20cm (40针)

领片

(82针)

2cm (6行)

(34针)

领片 (10号棒针) 花样A

(24针)　(24针)

分片编织时留6针，织门襟花样A，织至领窝不用收针待用，另一片编织时，在门襟内侧挑起针，形成重叠门襟

全下针

花样A

符号说明：

曰 上针

口=曰 下针

2-1-3行-针-次

编织方向

前片图案

95

连帽休闲卫衣

【成品规格】 衣长42cm，下摆宽34cm

【工　　具】 10号棒针，缝衣针

【编织密度】 24针×36行＝10cm²

【材　　料】 玫红色羊毛线200g

编织要点:

1. 毛衣用棒针编织，由1片前片、1片后片组成，从下往上编织。

2. 先编织前片。

(1) 用下针起针法起82针，编织18行双罗纹后，改织全下针，两边侧缝至袖窿加46针，方法是每2行加2针加6次，每4行加1针加15次，最后平加18针，织80行至袖口。

(2) 此时针数为172针，不加不减编织32行后，进行肩斜

减针，方法是每2行减6针减10次，每2行减2针减1次，织22行至肩部。

(3) 同时织至总行数126行时开领窝，两边减24针，方法是每2行减2针减12次，至肩部把针数减完。

3. 编织后片。

(1) 用下针起针法起82针，编织18行双罗纹后，改织全下针，两边侧缝至袖窿加46针，方法是每2行加2针加6次，每4行加1针加15次，最后平加18针，织80行至袖口。

(2) 此时针数为172针，不加不减编织32行后，进行肩斜减针，方法是每2行减6针减10次，每2行减2针减1次，织22行至肩部，余48针不减，留针待用。

4. 缝合。将前片的侧缝与后片的侧缝对应缝合。前片的肩斜与后片的肩斜缝合。

5. 帽片编织。前片领窝两边同时挑起10针，与后片留48针合并编织，共68针织54行全下针，顶部A与B缝合，形成帽子。

6. 袖口编织。两边袖口分别挑56针，织36行双罗纹。

7. 口袋编织。起32针，织全下针，其中两边留4针织花样A，并在花样A的内侧减4针，方法是：每10行减1针减4次，织44行余24针。缝合于前片。毛衣编织完成。

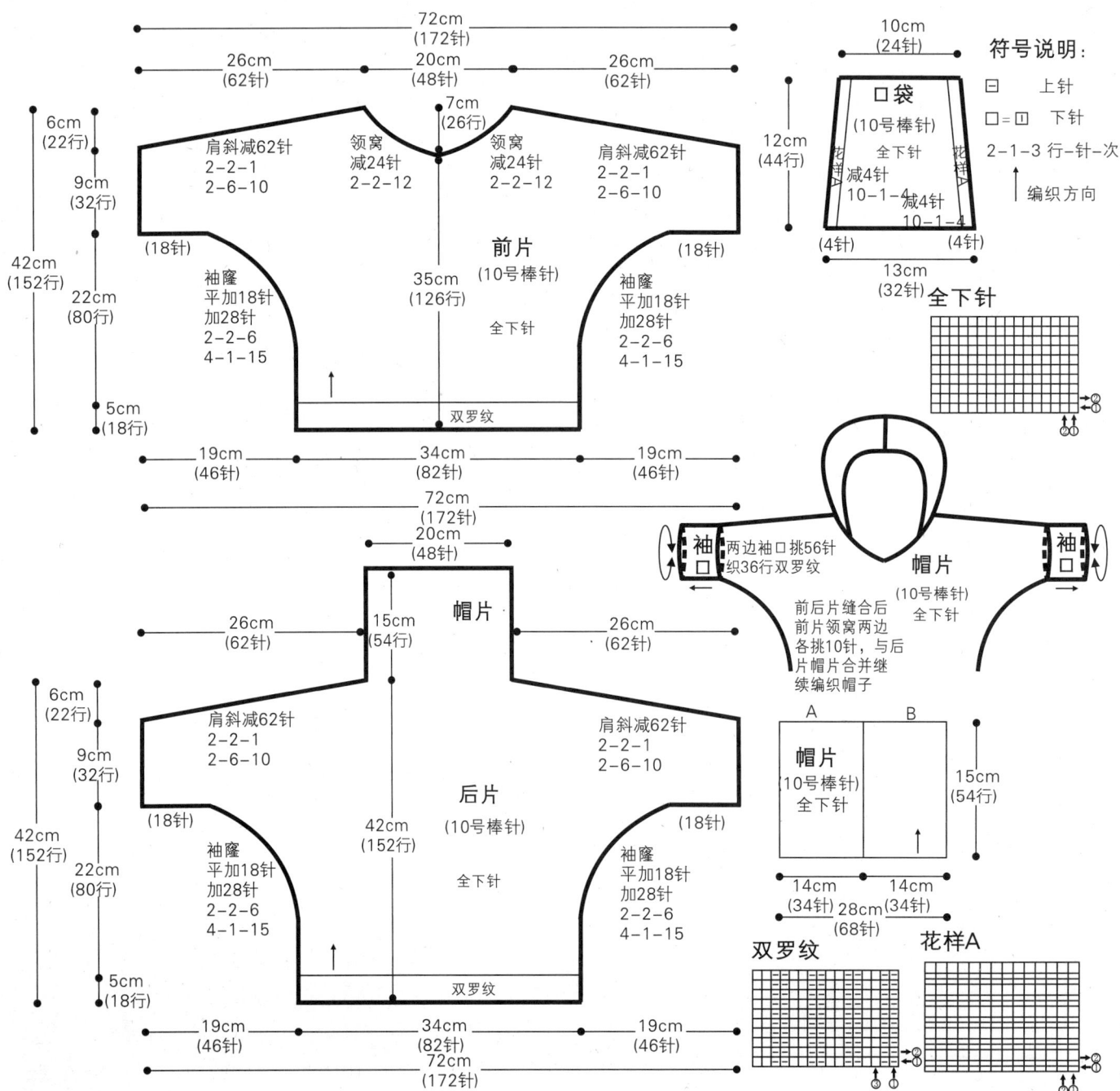

口袋
（10号棒针）
全下针
减4针
10-1-4 减4针
10-1-4
（4针）（4针）
13cm（32针）

符号说明:

□　上针
□=￭　下针

2-1-3 行-针-次

↑　编织方向

全下针

前片（10号棒针）

72cm（172针）
26cm（62针）　20cm（48针）　26cm（62针）
6cm（22行）
9cm（32行）
42cm（152行）
22cm（80行）
5cm（18行）
7cm（26行）
肩斜减62针 2-2-1 2-6-10
领窝减24针 2-2-12
肩斜减62针 2-2-1 2-6-10
（18针）
袖窿平加18针 加28针 2-2-6 4-1-15
35cm（126行）
全下针
双罗纹
19cm（46针）　34cm（82针）　19cm（46针）
72cm（172针）

后片（10号棒针）

72cm（172针）
20cm（48针）
26cm（62针）　15cm（54行）　26cm（62针）
帽片
肩斜减62针 2-2-1 2-6-10
肩斜减62针 2-2-1 2-6-10
6cm（22行）
9cm（32行）
42cm（152行）
22cm（80行）
5cm（18行）
（18针）
42cm（152行）
全下针
袖窿平加18针 加28针 2-2-6 4-1-15
双罗纹
19cm（46针）　34cm（82针）　19cm（46针）
72cm（172针）

10cm（24针）
12cm（44行）

袖 两边袖口挑56针 织36行双罗纹
□=￭
□
帽片（10号棒针）全下针
袖

前后片缝合后前片领窝两边各挑10针，与后片帽片合并继续编织帽子

A　B
帽片（10号棒针）全下针
15cm（54行）
14cm（34针）　14cm（34针）
28cm（68针）

双罗纹

花样A

简约爱心背心

【成品规格】	衣长38cm，下摆宽33cm，肩宽23cm
【工　　具】	10号棒针，缝衣针
【编织密度】	26针×44行=10cm²
【材　　料】	白色羊毛线400g，黄色线等各少许

编织要点:

1. 毛衣用棒针编织，由1片前片、1片后片组成，从下往上编织。毛衣的下摆边 袖口和领口用黄色线织2行边。
2. 先编织前片。
(1) 用机器边起针法，起84针，先织18行单罗纹后，改织花样A，侧缝不用加减针，织80行至袖窿。

(2) 袖窿以上的编织。两边袖窿平收4针后减针，方法是每2行减2减4次，各减8针，余下针数不加不减织62行。
(3) 同时从袖窿算起织至14行时，改织全下针，再织22行时，开始开领窝，中间平收16针，然后两边减针，方法是每2行减1针减12次，共减12针，不加不减织10行至肩部余10针。
3. 编织后片。
(1) 袖窿和袖窿以下的编织方法与前片袖窿一样。
(2)同时从袖窿算起织至14行时，改织全下针，再织至50行时，开始领窝减针，中间平收34针，然后两边减3针，方法是每2行减1针减3次，织至肩部余10针。
4. 缝合。将前片的侧缝与后片的侧缝对应缝合。前片的肩部与后片的肩部缝合。
5. 编织袖口。两边袖口挑136针，环织8行单罗纹。
6. 领子编织。领圈边挑128针，环织8行单罗纹，形成圆领。
7. 用十字绣的绣法绣上前片和后片的图案，毛衣编织完成。

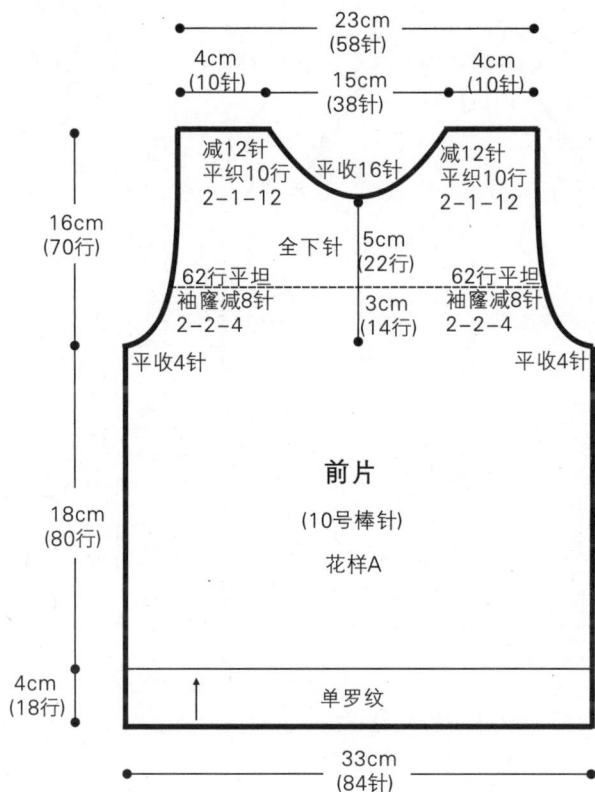

前片
(10号棒针)
花样A
单罗纹

23cm(58针)　4cm(10针)　15cm(38针)　4cm(10针)
减12针 平织10行 2-1-12　平收16针　减12针 平织10行 2-1-12
全下针 5cm(22针)
62行平坦　袖窿减8针 2-2-4　3cm(14行)　62行平坦 袖窿减8针 2-2-4
平收4针　平收4针
16cm(70行)　38cm(168行)
18cm(80行)
4cm(18行)　单罗纹
33cm(84针)

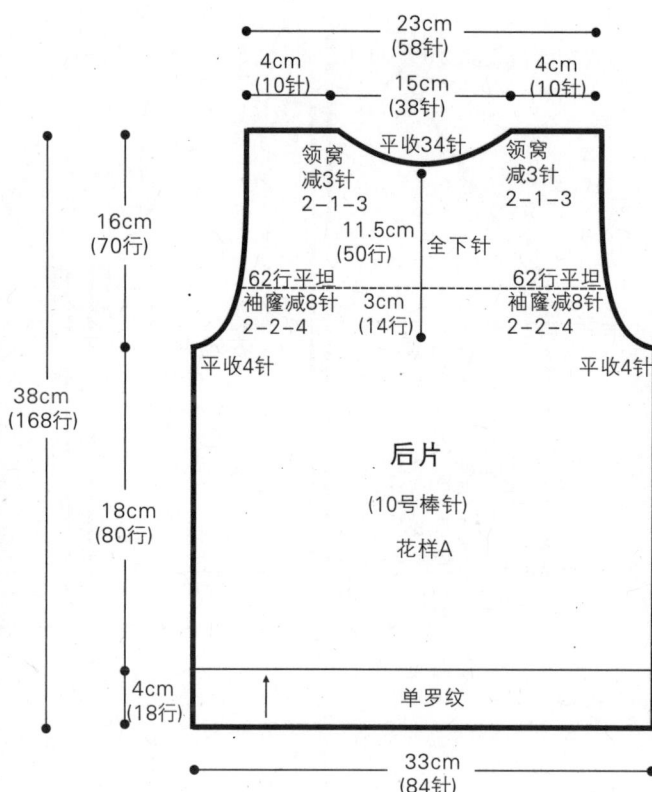

后片
(10号棒针)
花样A
单罗纹

23cm(58针)　4cm(10针)　15cm(38针)　4cm(10针)
领窝 减3针 2-1-3　平收34针　领窝 减3针 2-1-3
11.5cm(50行) 全下针
62行平坦 袖窿减8针 2-2-4　3cm(14行)　62行平坦 袖窿减8针 2-2-4
平收4针　平收4针
16cm(70行)　38cm(168行)
18cm(80行)
4cm(18行)　单罗纹
33cm(84针)

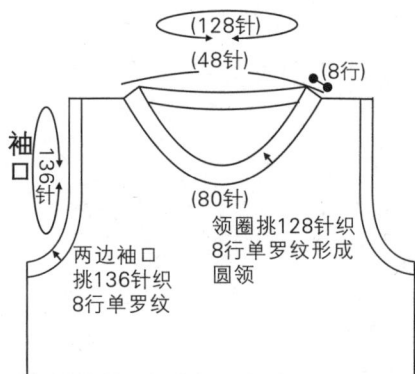

(128针)
(48针)
(8行)
袖口 136针
两边袖口挑136针织8行单罗纹
(80针)
领圈挑128针织8行单罗纹形成圆领

花样A

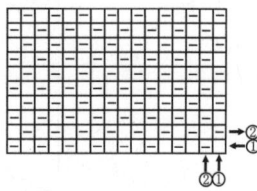

单罗纹

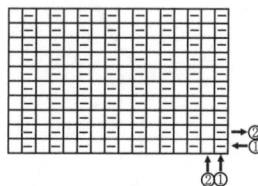

全下针

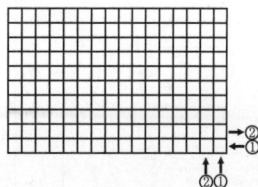

符号说明:

□　上针

□-□ 下针

2-1-3行-针-次

↑ 编织方向

97

经典小开衫

【成品规格】 衣长33cm，胸围58cm，连肩袖长33cm

【工　具】 13号棒针

【编织密度】 30.3针×40行=10cm²

【材　料】 黑色棉线50g，绿色、蓝色棉线各少量，纽扣6枚

编织要点：

1.棒针编织法，衣身片分为左前片、右前片和后片分别编织，完成后与袖片缝合而成。

2.起织后片，黑色线起88针，织花样A，织2行后，改为灰色线编织，织至12行，改织花样B，织至80行，第81行织片左右两侧各收4针，然后减针织成斜肩，方法为2-1-26，织至132行，织片余下28针，用防解别针

扣起，留待编织衣领。

3.起织右前片，黑色线起41针，织花样A，织2行后，改为灰色线编织，织至12行，改织花样B，颜色按4行黑色、4行灰色、4行黑色、4行绿色、4行灰色、4行蓝色顺序编织，织至36行，第37行全部改为灰色线编织，织至80行，第81行织片右侧收4针，然后减针织成插斜，方法为2-1-26，织至116行，织片左侧减针织成前领，方法为1-2-1，2-1-8，织至132行，织片余下1针，用防解别针扣起，留待编织衣领。

4.同样的方法相反方向编织左前片，左前片起针织2行黑色，第3行起全部改为灰色线编织，完成后将左右前片与后片的侧缝缝合。

5.左前片衣摆绣图案a。

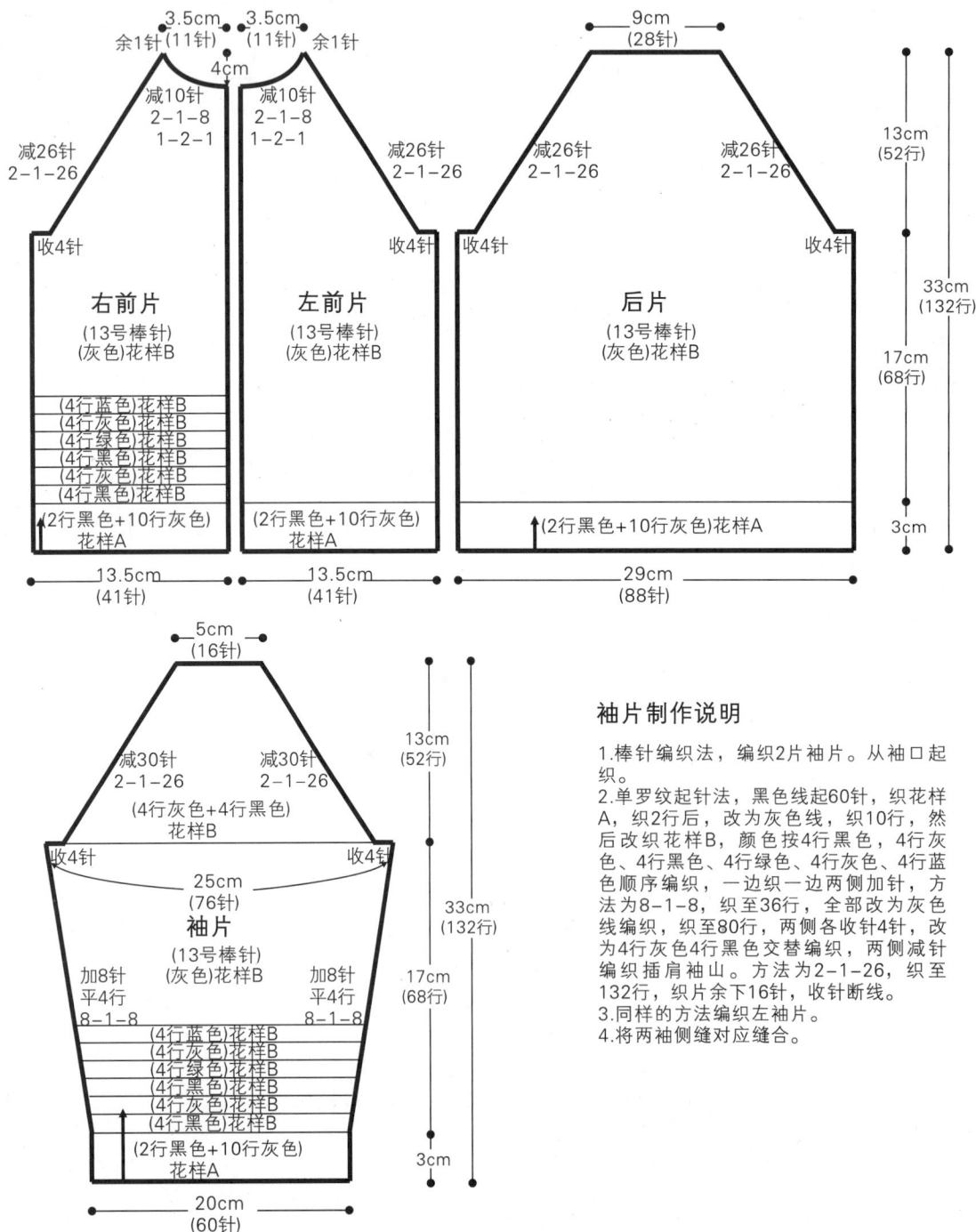

袖片制作说明

1.棒针编织法，编织2片袖片。从袖口起织。

2.单罗纹起针法，黑色线起60针，织花样A，织2行后，改为灰色线，织10行，然后改织花样B，颜色按4行黑色，4行灰色、4行黑色、4行绿色、4行灰色、4行蓝色顺序编织，一边织一边两侧加针，方法为8-1-8，织至36行，全部改为灰色线编织，织至80行，两侧各收针4针，改为4行灰色4行黑色交替编织，两侧减针编织插肩袖山。方法为2-1-26，织至132行，织片余下16针，收针断线。

3.同样的方法编织左袖片。

4.将两袖侧缝对应缝合。

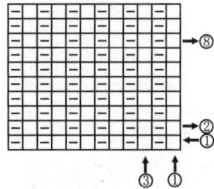

符号说明：

□ 上针

□=回 下针

2-1-3 行-针-次

花样A

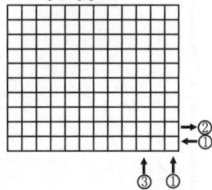

花样B

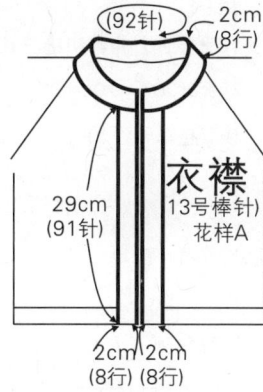

领片

(92针) 2cm (8行)

衣襟

29cm (91针) (13号棒针) 花样A

2cm 2cm (8行) (8行)

领片/衣襟制作说明

1.棒针编织法，先挑织衣襟片，完成后再挑织领片。
2.沿左右衣襟侧分别挑起91针织花样A，灰色线织6行后，改织2行黑色线，收针断线。
3.沿领口挑起92针，织花样A，往返编织，灰色线织6行后，改织2行黑色线，收针断线。

图案a

回 黄色
◉ 红色

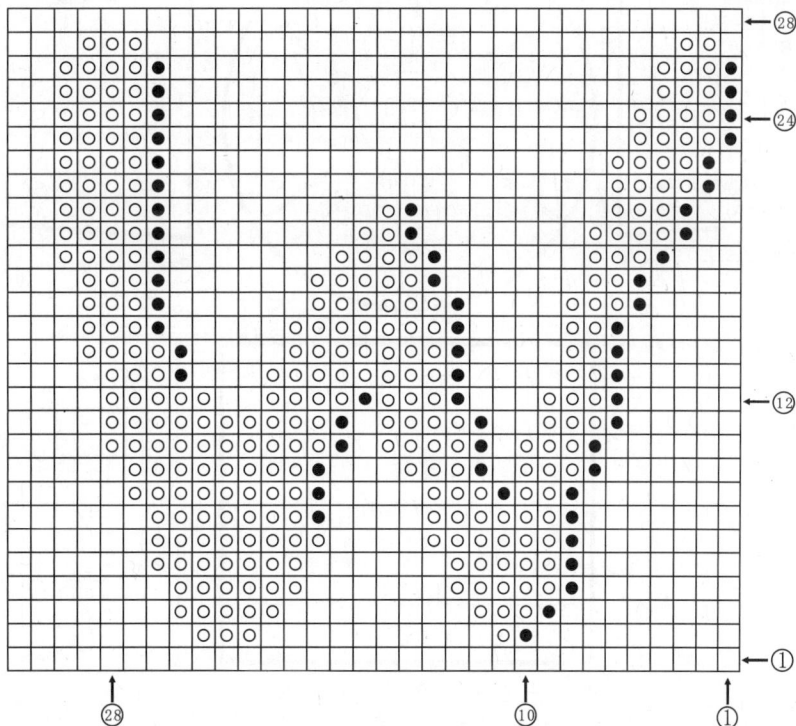

99

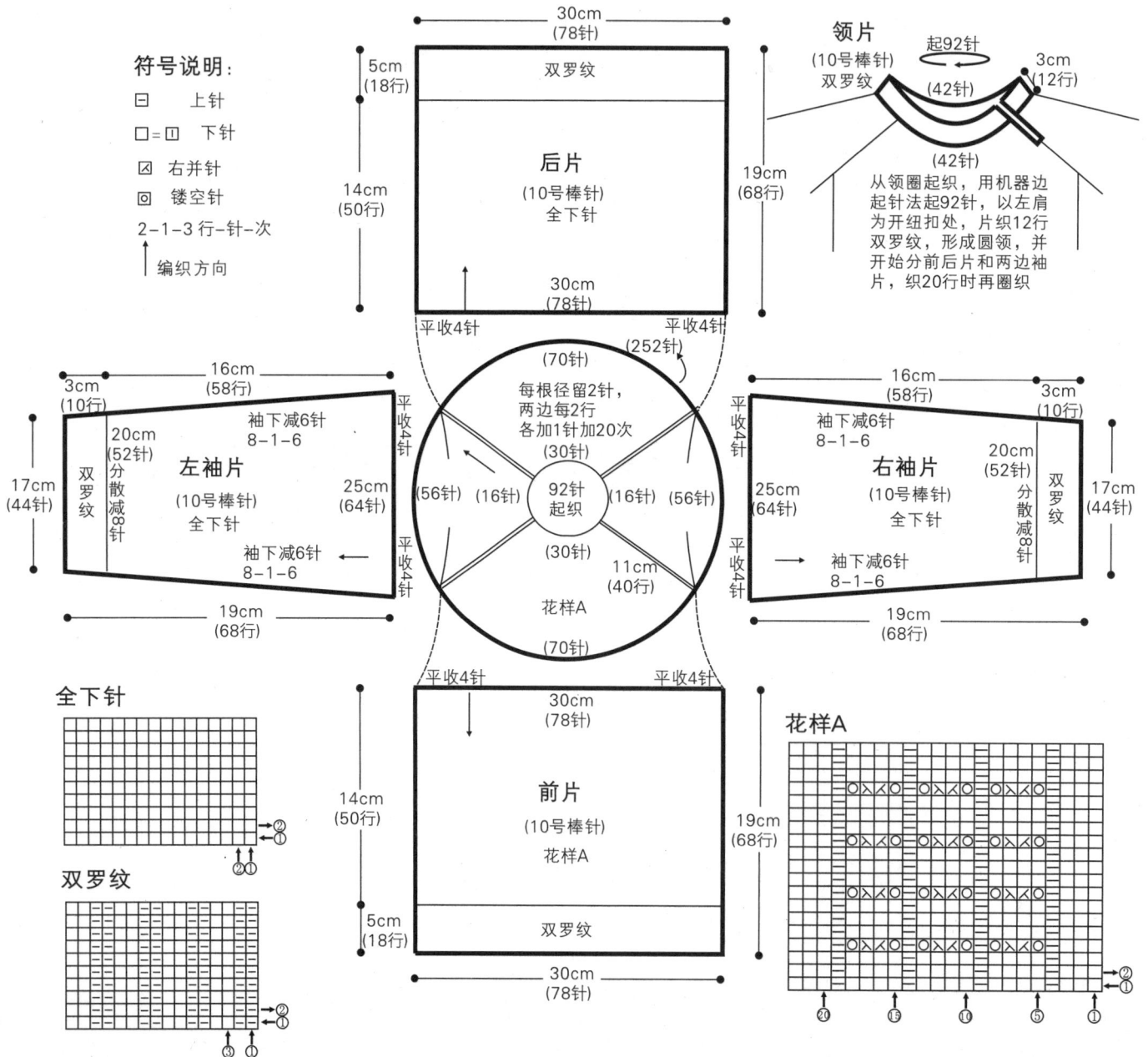

紫色插肩袖装

【成品规格】 衣长30cm，下摆宽30cm，连肩袖长30cm

【工　具】 10号棒针，钩针和缝衣针

【编织密度】 26针×36行=10cm²

【材　料】 浅紫色羊毛线400g，纽扣3枚

编织要点:

1. 毛衣用棒针编织，由1片前片、1片后片、2片袖片组成，从上往下编织。

2. 先织领口环形片，从领圈起织，用机器边起针法起92针，以左肩为开纽扣处，片织12行双罗纹形成圆领，并开始分前后片和两边袖片，织20行时再圈织，每分片的中间留2针径，并在两边加针，方法是每2行加1针加20次，织完40行时，织片的针数252针，环形片完成。

3. 开始分出前片、后片和2片袖片。

(1) 前片，分出70针，两边各平加4针至78针，继续织花样A，织50行后，改织18行双罗纹，侧缝不用加减针，收针断线。

(2) 后片，分出70针，编织方法与前片一样。

(3) 左右袖片，左袖片分出56针，织全下针，袖下减针，方法是每8行减1针减6次，织至58行后，分散减8针至44针，并改织10行双罗纹，收针断线。同样方法编织右袖片。

4. 缝合，将前片的侧缝和后片的侧缝缝合。两袖片的袖下分别缝合。

5. 在左边插肩处用钩针钩织花边，缝上纽扣，毛衣编织完成。

符号说明：

- □　上针
- □=□　下针
- ☒　右并针
- ▣　镂空针
- 2-1-3 行-针-次
- ↑ 编织方向

领片

起92针
(10号棒针)
双罗纹
(42针)
3cm
(12行)

(42针)

从领圈起织，用机器边起针法起92针，以左肩为开纽扣处，片织12行双罗纹，形成圆领，并开始分前后片和两边袖片，织20行时再圈织

后片
(10号棒针)
全下针

30cm (78针)
5cm (18行) 双罗纹
14cm (50行)
19cm (68行)
30cm (78针)
平收4针 平收4针 (252针)

中心圆：
92针起织
每根径留2针，两边每2行各加1针加20次
(70针) (30针) (30针)
(56针) (16针) (16针) (56针)
11cm (40行)
花样A
(70针)

左袖片
(10号棒针)
全下针

3cm (10行)
16cm (58针)
20cm (52针) 分散减8针
17cm (44针)
双罗纹
袖下减6针 8-1-6
25cm (64针)
平收4针
平收4针
袖下减6针 8-1-6
19cm (68行)

右袖片
(10号棒针)
全下针

16cm (58针)
3cm (10行)
袖下减6针 8-1-6
20cm (52针) 分散减8针
17cm (44针)
双罗纹
25cm (64针)
平收4针
平收4针
袖下减6针 8-1-6
19cm (68行)

前片
(10号棒针)
花样A

平收4针 平收4针
30cm (78针)
14cm (50行)
5cm (18行) 双罗纹
30cm (78针)

全下针

双罗纹

花样A
19cm (68行)

100

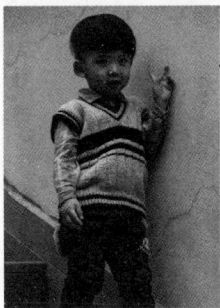

V领小背心

【成品规格】 衣长39cm, 下摆宽31cm

【工　　具】 10号棒针, 缝衣针.

【编织密度】 24针×34行=10cm²

【材　　料】 灰色羊毛线200g, 黑色线少许

编织要点:

1. 毛衣用棒针编织, 由1片前片、1片后片组成, 从下往上编织。

2. 先编织前片。

(1) 用下针起针法起74针, 编织14行单罗纹后, 改织花样A, 并配色, 侧缝不用加减针, 织68行至袖隆。

(2) 袖隆以上的编织。两边袖隆先平收6针后减针, 方法是每4行减2针减4次, 各减8针, 余下针数不加不减织32行至肩部。

(3) 同时中间开始开领窝, 两边减针, 方法是每4行减1针减13次, 各减13针, 织至肩部余10针。

3. 编织后片。

(1) 袖隆和袖隆以下编织方法与前片袖隆一样。

(2) 同时织至袖隆算起44行时, 开后领窝, 中间平收18针, 两边减针, 方法是每2行减1针减4次, 织至两边肩部余10针。

4. 缝合。将前片的侧缝与后片的侧缝对应缝合。前片的肩部与后片的肩部缝合。

5. 领片编织。领圈边挑114针, 以前片留的1针为中点, 按V领领口花样图解编织14行单罗纹, 并配色, 形成V领。

6. 袖口编织。两边袖口分别挑96针, 织10行单罗纹, 并配色。毛衣编织完成。

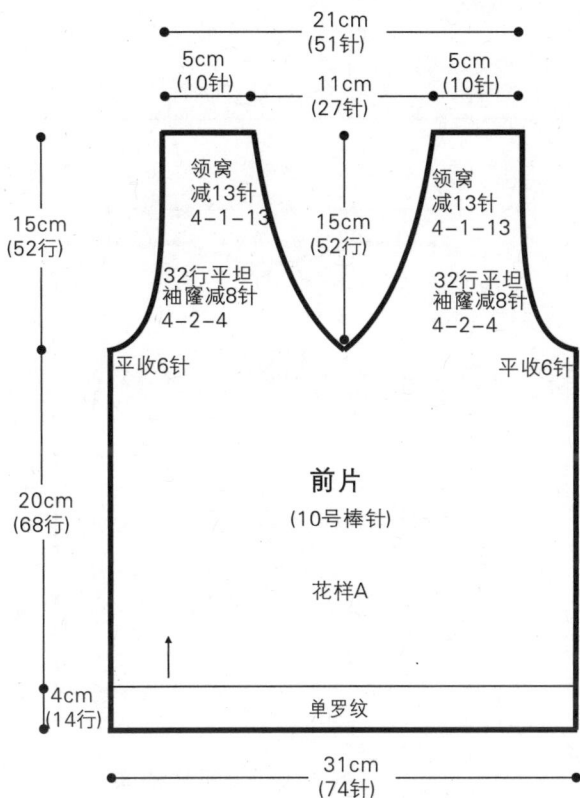

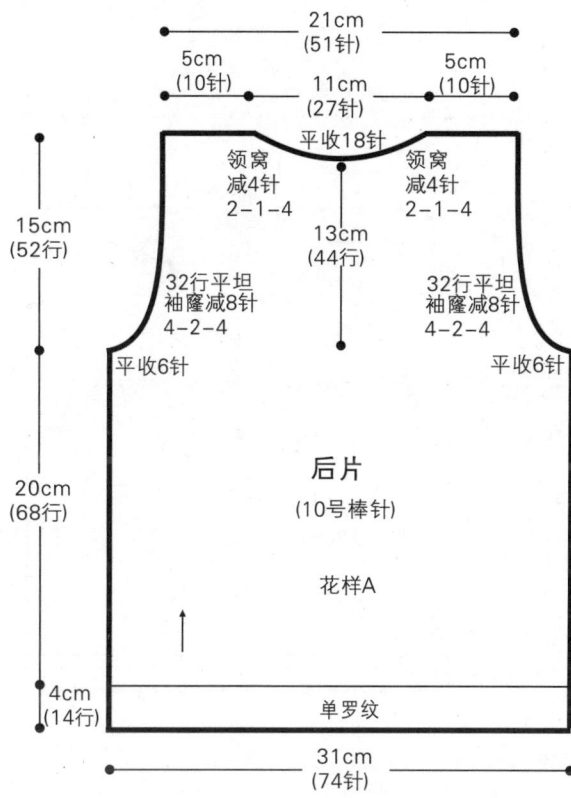

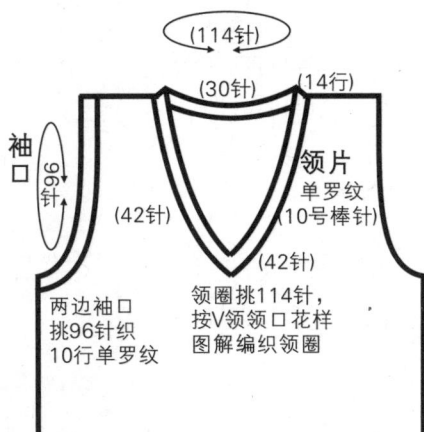

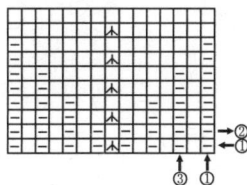

领口花样

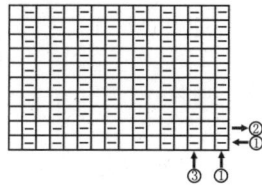

单罗纹

花样A

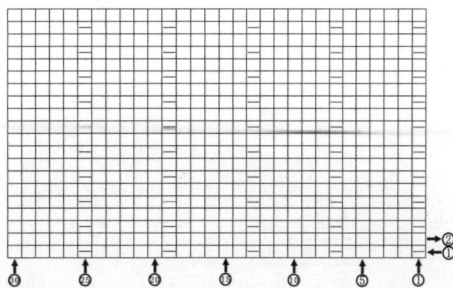

符号说明:

□　　上针

□=回　下针

2-1-3行-针-次

↑　　编织方向

老虎图案毛衣

【成品规格】 衣长40cm，下摆宽35cm

【工　　具】 10号棒针，缝衣针

【编织密度】 22针×32行=10cm²

【材　　料】 绿色羊毛线400g，红色、黄色线各少许，纽扣5枚

编织要点：

1. 毛衣用棒针编织，由1片前片、1片后片、2片袖片组成，从下往上编织。

2. 先编织前片。

(1) 用下针起针法起78针，编织12行单罗纹，并配色，然后改织全下针，侧缝不用加减针，织64行至袖隆。

(2) 袖隆以上的编织。两边袖隆平收4针后减针，方法是每2行减1针减8次，各减8针，不加不减织36行至肩部。

(3) 同时织至从袖隆算起22行时，开始开领窝，中间平收18针，然后两边减针，方法是每2行减1针减8次，各减8针，不加不减织14行至肩部余10针。

3. 编织后片。

(1) 用下针起针法起78针，编织12行单罗纹，并配色，然后改织全下针，侧缝不用加减针，织64行至袖隆。

(2) 袖隆以上的编织。两边袖隆平收4针后减针，方法是每2行减1针减8次，各减8针，不加不减织36行至肩部。

(3) 同时织至从袖隆算起48行时，开始开领窝，中间平收30针，然后两边减针，方法是每2行减1针减2次，至肩部余10针。

4. 袖片编织。用下针起针法起44针，织12行单罗纹，并配色，然后改织全下针，袖下加针，方法是每12行加1针加6次，织至74行时，两边平收4针，开始袖山减针，方法是每2行减2针减2次，每2行减1针减10次，共减14针，至顶部余20针。

5. 缝合。将前片的侧缝与后片的侧缝对应缝合。前片的肩部与后片的肩部缝合，两边袖的袖下缝合后，分别与衣片的袖边缝合。

6. 领片编织。领圈边挑94针，圈织6行单罗纹，并配色，形成圆领。

7. 前片衬边另织，起92针，织6行单罗纹，并配色，缝合到前片相应的位置上。

8. 装饰。绣上前片图案，缝上纽扣，毛衣编织完成。

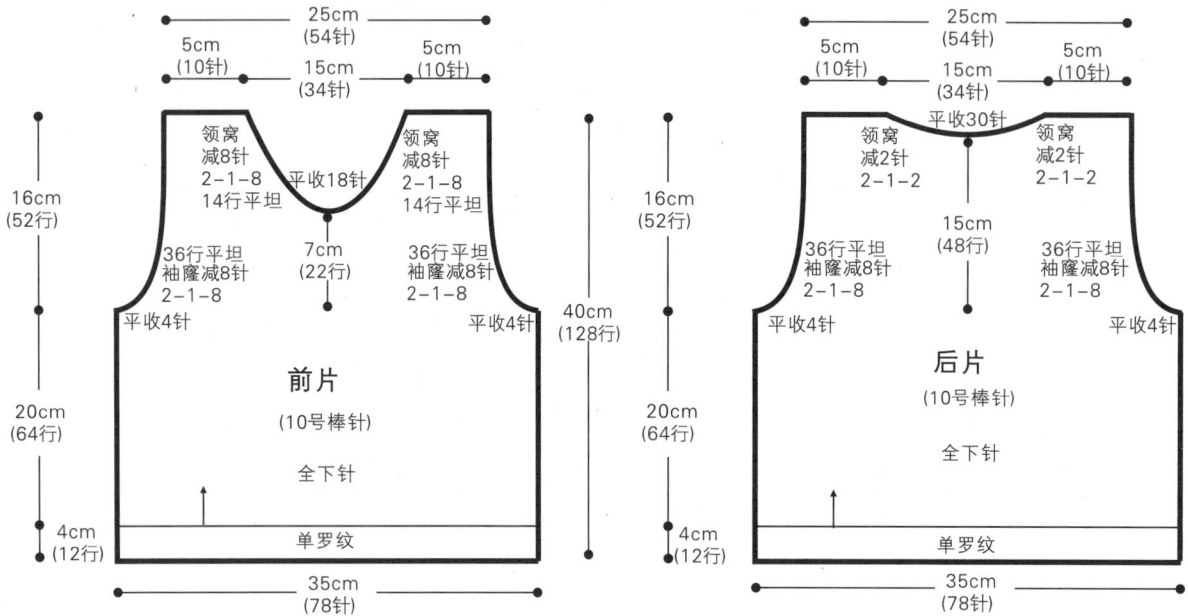

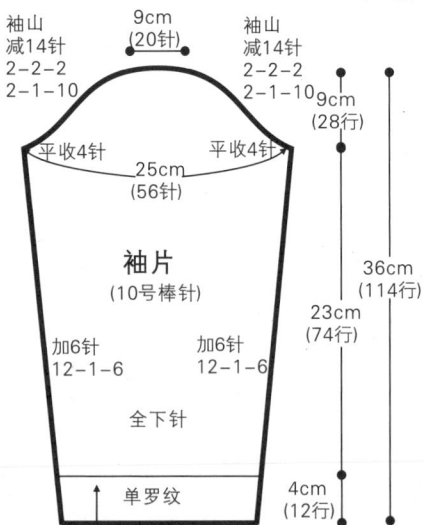

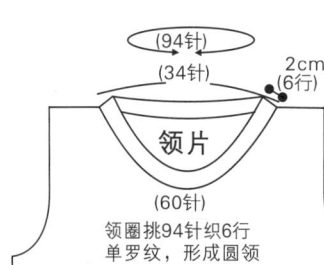

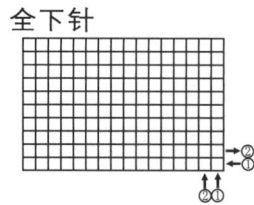

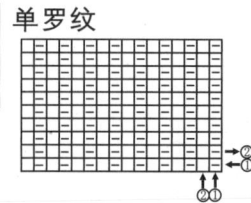

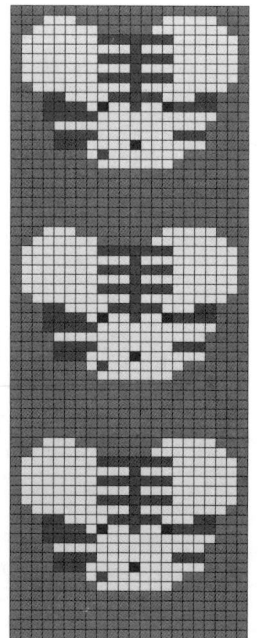

符号说明：

□　　上针

□＝回　下针

2-1-3行-针-次

↑　编织方向

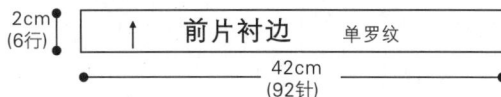

102

音乐图案毛衣

【成品规格】 胸宽33cm，衣长41.5cm，肩宽27cm，袖长35.5cm

【工　具】 9号、10号棒针

【编织密度】 27针×33.5行=10cm²

【材　料】 灰色羊毛线350g，黑色、蓝色羊毛线适量

编织要点:

1.先织后片，用10号棒针起92针，编织单罗纹4cm，换9号棒针，编织下针(颜色变化如图)，并编入图案A，不加不减织22.5cm到腋下，进行袖窿减针，减针方法如图，织至衣长最后2cm，进行后领减针，如图，肩留23针，待用。

2.前片，用10号棒针起92针，编织单罗纹4cm，换9号棒针，编织下针(颜色变化如图)，并编入花样A，不加不减织22.5cm到腋，进行袖窿减针，减针方法如图，织至衣长最后5cm，按图示开始领口减针，肩留23针，待用。

3.袖，用10号棒针起44针，编织4cm单罗纹，换9号棒针，编织下针(颜色变化如图)，并编入图案A，两侧按图示加针，织至22.5cm到腋下，进行袖山减针减针，方法如图，减针完毕，袖山形成。用相同的方法编织另一只袖子。

4.分别合并肩线，侧缝线和袖下线，并缝合袖子。

5.领，用10号棒针灰色毛线挑织挑织单罗纹14行。

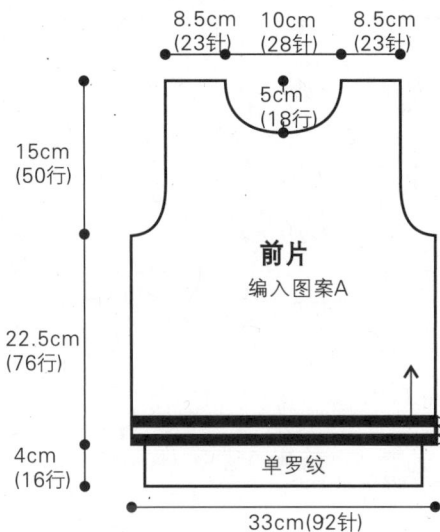

前片
编入图案A

8.5cm(23针)　10cm(28针)　8.5cm(23针)

5cm(18行)

15cm(50行)

22.5cm(76行)

4cm(16行)

单罗纹

33cm(92针)

2行
2行
2行

领口减针
平织8行
2-1-3
2-2-1
3-3-1
停织12针

袖窿减针
2-1-2
2-2-2
1-3-1

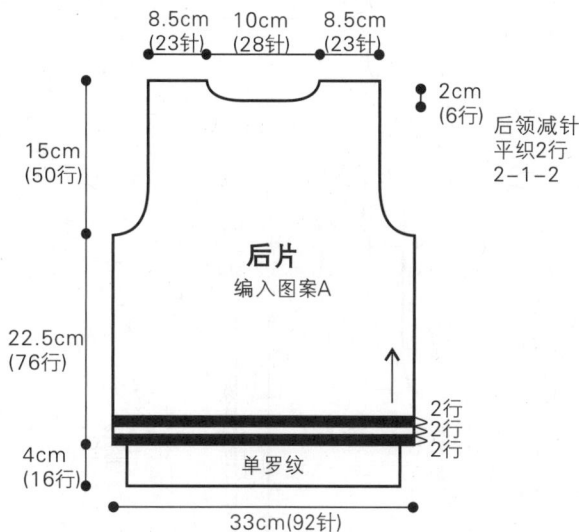

后片
编入图案A

8.5cm(23针)　10cm(28针)　8.5cm(23针)

2cm(6行)

15cm(50行)

22.5cm(76行)

4cm(16行)

单罗纹

33cm(92针)

2行
2行
2行

后领减针
平织2行
2-1-2

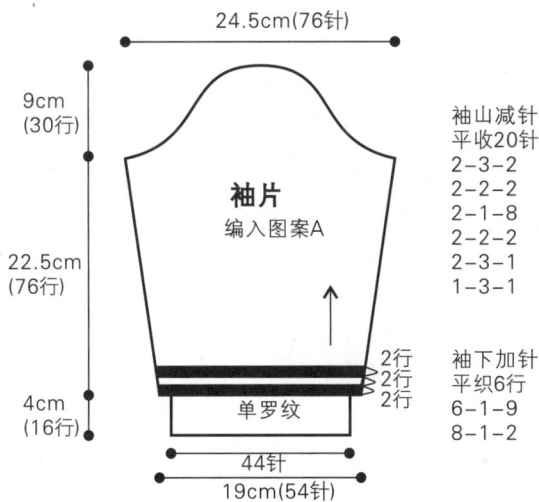

袖片
编入图案A

24.5cm(76针)

9cm(30行)

22.5cm(76行)

4cm(16行)

单罗纹

44针

19cm(54针)

2行
2行
2行

袖山减针
平收20针
2-3-2
2-2-2
2-1-8
2-2-2
2-3-1
1-3-1

袖下加针
平织6行
6-1-9
8-1-2

图案A

配色条纹开衫

【成品规格】	胸宽32cm，衣长38.5cm，肩宽25.5cm，袖长34.5cm
【工　具】	13号、12号棒针
【编织密度】	35.5针×49行=10cm²
【材　料】	白色羊毛线150g，咖啡色羊毛线100g，橘黄色羊毛线50g，黄色羊毛线50g，纽扣5枚

编织要点:

1.先织后片，用13号棒针白色毛线起116针，织3cm双罗纹，换12号棒针，编织下针(颜色变换见色卡)，不加

不减织20.5cm到腋下，开始袖窿收针，收针方法见图，织至衣长最后1.5cm，开始后领减针，如图，肩留26针，待用。

2.前片分2片，用13号棒针白色毛线起53针，织3cm双罗纹，换12号棒针，编织下针，颜色变化见色卡，不加不减织20.5cm到腋下，开始袖窿收针，收针方法见图，织至衣长最后7.5cm，进行领口减针，如图，肩留26针，待用。

3.袖，用13号棒针起60针织3cm双罗纹，换12号棒针，编织下针，按色卡变换色针，同时在袖两侧按图示加针，织到31.5cm，收针，断线。用同样的方法织另一只袖子。

4.分别合并侧缝线和袖下线，并缝合袖子。

5.领，门襟，挑织双罗纹并在合适的位置留扣眼。

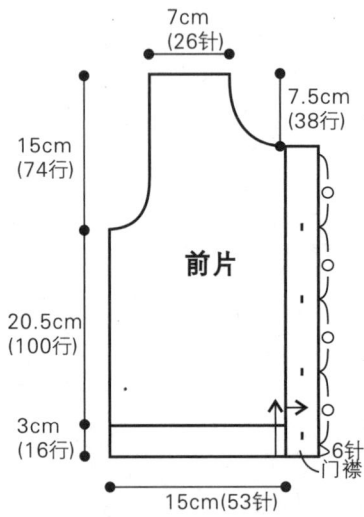

7cm
(26针)

7.5cm
(38行)

15cm
(74行)

前片

20.5cm
(100行)

3cm
(16行)

15cm(53针)

领口减针
平织20行
2-1-6
2-1-2
2-3-1
1-5-1

袖窿减针
2-1-3
2-2-1
2-3-1
1-3-1

6针
门襟

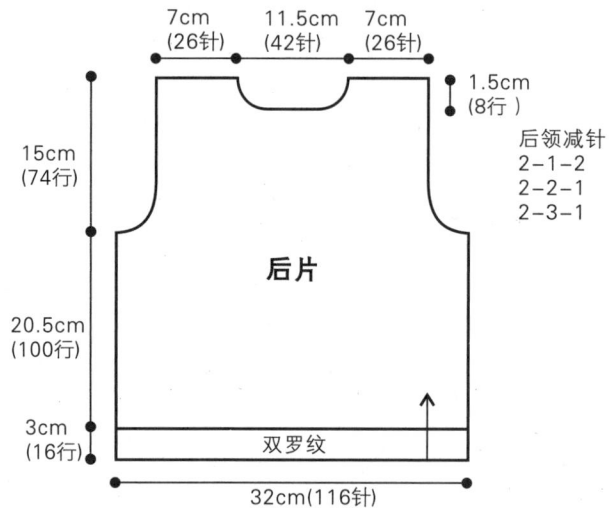

7cm
(26针)　11.5cm
(42针)　7cm
(26针)

1.5cm
(8行)

15cm
(74行)

后片

20.5cm
(100行)

3cm
(16行)

双罗纹

32cm(116针)

后领减针
2-1-2
2-2-1
2-3-1

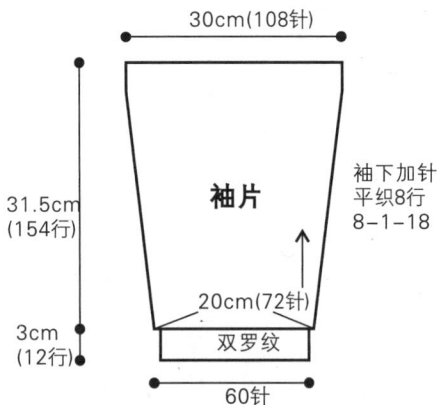

30cm(108针)

31.5cm
(154行)

袖片

袖下加针
平织8行
8-1-18

20cm(72针)

3cm
(12行)

双罗纹

60针

色卡

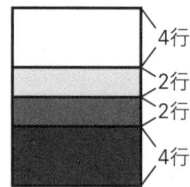

4行
2行
2行
4行

领口、门襟
挑织双罗纹

高领麻花毛衣

【成品规格】 胸围52cm，衣长31cm，袖长 28.5cm
【工　　具】 11棒针
【编织密度】 42针×33行=10cm²
【材　　料】 淡紫色羊毛线4股300g，纽扣子2枚

6针编织花样C，左右分别向上继续编织。注意图示重叠方法。

2.前片，起针86针编织双罗纹针。2.5cm后按图示编织花样A、B。腋下按图示，两边同时减针。

3.袖片，起针46针，编织双罗纹针，2.5cm后编织全下针。两侧同时加针。共84行。袖山处按图示，两侧同时减针形成袖山。

4.衣领，前后片对齐缝合后，将领口留针继续向上编织4cm形成衣领。注意领口位置编织2.5cm双罗纹针。

编织要点:

1.后片，起针86针编织双罗纹针。2.5cm后编织全下针。腋下按图示，两边同时减针。后领，由中间重叠

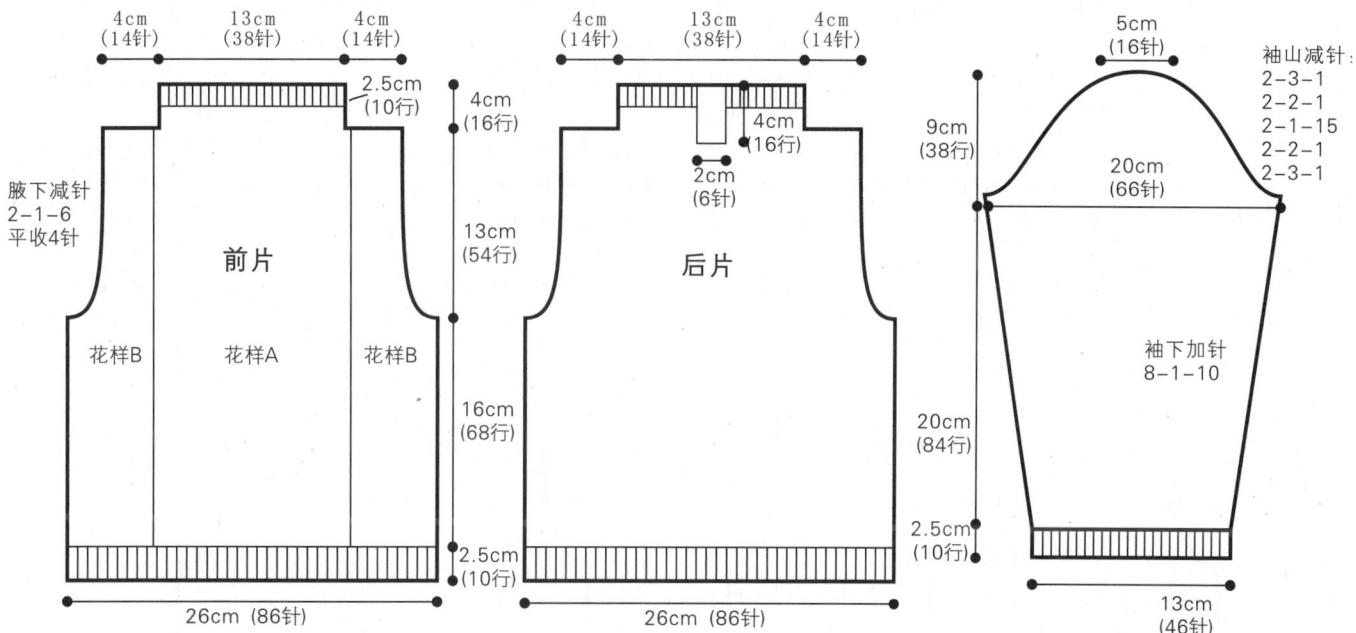

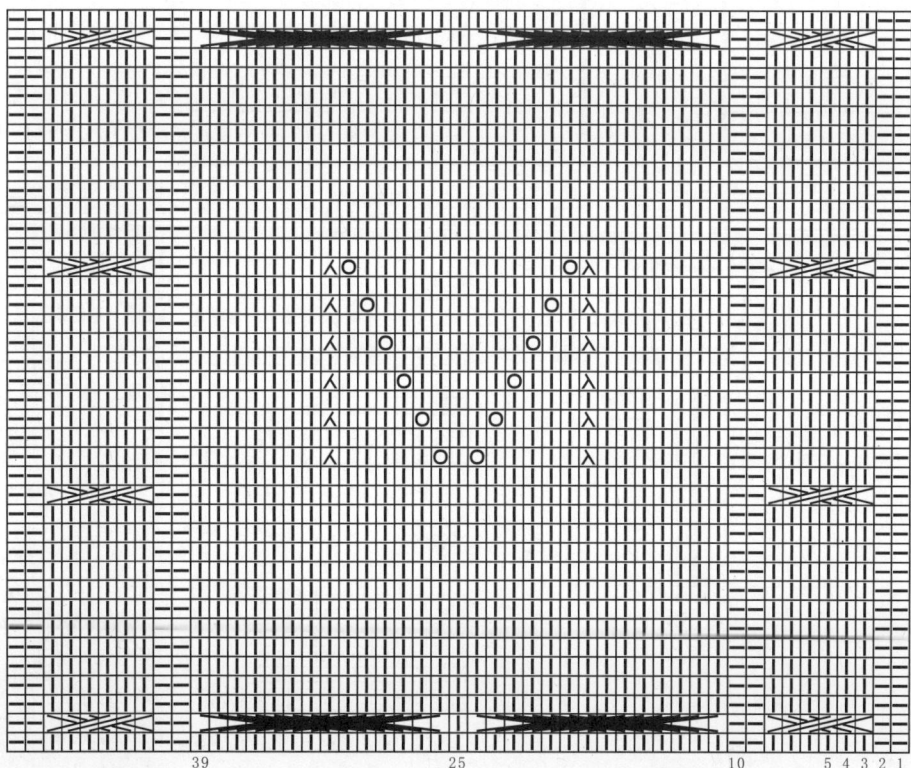

花样A

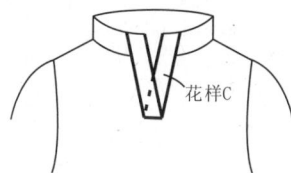

花样B　　花样C

双罗纹

针法说明:

| 下针
— 上针
O 空心加针
人 左针压右针，2针合并
入 右针压左针，2针合并

左上7针压右7针交叉

右上7针压左7针交叉

105

菱形花样开衫

【成品规格】 衣长39cm，下摆宽40cm，袖长35cm

【工　　具】 10号棒针，缝衣针

【编织密度】 18针×32行＝10cm²

【材　　料】 黄色羊毛线400g，白色等线少许，装饰图标1枚

编织要点：

1. 毛衣用棒针编织，由2片前片、1片后片、2片袖片组成，从下往上编织。

2. 先编织前片。分右前片和左前片编织。

(1) 右前片，用机器边起针法起36针，先织14行双罗纹后，改织全下针，并编入图案，侧缝不用加减针，织至54行至袖窿。

(2) 袖窿以上的编织。右侧袖窿减针，方法是每织2行减2针减5次，共减10针，不加不减平织38针至袖窿。

(3) 同时从袖窿算起织至10行时，开始领窝减针，方法是每2行减1针减14次，不加不减织10行至肩部余12针。

(4) 相同的方法，相反的方向编织左前片。口袋的编织。编织下摆双罗纹算起24行时改织6行24针的双罗纹

纹，平收24针作为袋口，第2行即平加24针继续编织至完成。

3. 编织后片。

(1) 用机器边起针法，起72针，先织14行双罗纹后，改织全下针，侧缝不用加减针，织54行至袖窿。

(2)袖窿以上编织。袖窿开始减针，方法与前片袖窿一样。

(3) 同时织至从袖窿算起44行时，开后领窝，中间平收24针，两边各减2针，方法是每2行减1针减2次，织至两边肩部余12针。

4. 编织袖片。从袖口织起，用机器边起针法，起36针，先织14行双罗纹后，改织全下针，袖侧缝两边加8针，方法是每6行加1针加8次，编织54行至袖窿。开始两边袖山减针，方法是两边分别每2行减2针减2次，每2行减1针减16次，共减20针，编织完36行后余12针，收针断线。同样方法编织另一只袖片。

5. 缝合。将前片的侧缝与后片的侧缝对应缝合，前后片的肩部对应缝合，再将两袖片的袖下缝合后，袖山边线与衣身的袖窿边对应缝合。

6. 领子编织。两边门襟至领圈边挑246针，织8行双罗纹，左边门襟均匀地开扣眼。形成开襟V领。

7. 内袋另织。起24针，织34行全下针，缝合于前片的反面，形成口袋。

8. 用缝衣针缝上纽扣和装饰图标。衣服编织完成。

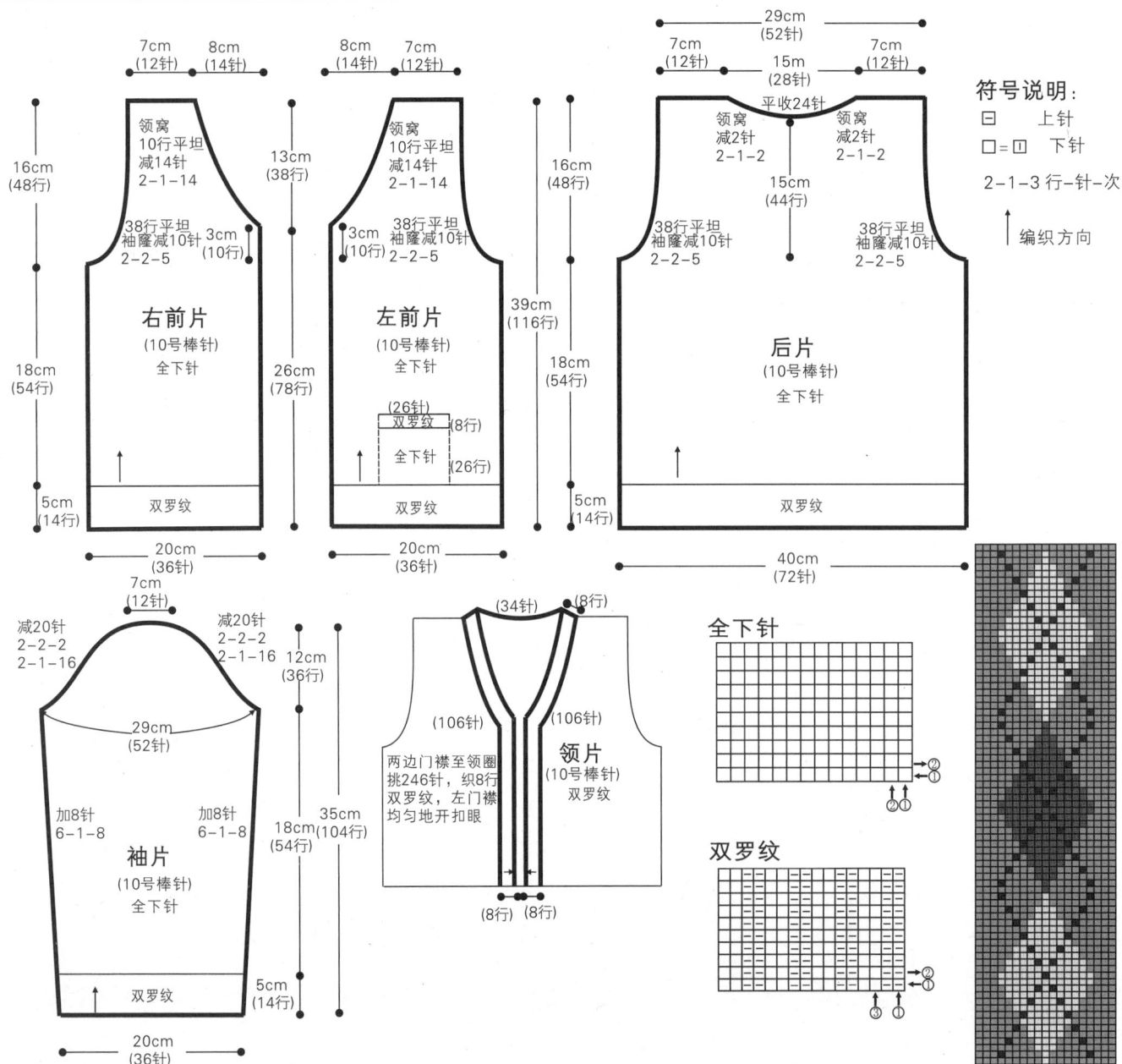

符号说明：

□ 上针
□=1 下针

2—1—3 行—针—次

↑ 编织方向

右前片（10号棒针）全下针
左前片（10号棒针）全下针
后片（10号棒针）全下针
袖片（10号棒针）全下针
领片（10号棒针）双罗纹

全下针

双罗纹

紫色圆领毛衣

【成品规格】 衣长37cm，下摆宽31cm，肩宽21cm，袖长32cm

【工　　具】 10号棒针，缝衣针

【编织密度】 46针×70行=10cm²

【材　　料】 紫色羊毛线400g

编织要点：

1. 毛衣用棒针编织，由1片前片，1片后片、2片袖片组成，从下往上编织。

2. 先编织前片。

(1) 用下针起针法起142针，编织22行单罗纹后，改织花样A，侧缝不用加减针，织126行至袖隆。

(2) 袖隆以上的编织。两边袖隆平收6针后减针，方法是每2行减2针减9次，各减18针，不加不减织94行至肩部。

(3) 同时织至袖隆算起78行时，开始开领窝，中间平收40针，然后两边减针，方法是2行减2针减5次，各减10针，不加不减织24行至肩部余17针。

3. 编织后片。

(1) 用下针起针法起142针，编织22行单罗纹后，改织花样A，侧缝不用加减针，织126行至袖隆。

(2)袖隆以上的编织。两边袖隆平收6针后减针，方法是每2行减2针减9次，各减17针，不加不减织94行至肩部。

(3)同时织至从袖隆算起104行时，开始开领窝，中间平收44针，然后两边减针，方法是每2行减2针减4次，共减8针，至肩部余18针。

4. 袖片编织。用下针起针法起92针，织14行单罗纹后，改织花样B，袖下加针，方法是每18行加1针加16次，织至146行时，两边平收6针，开始袖山减针，方法是每4行减2针减4次，每2行减1针减38次，织12行平坦，至顶部余20针。

5. 缝合。将前片的侧缝与后片的侧缝对应缝合。前片的肩部与后片的肩部缝合，两边袖片的袖下缝合后，分别与衣片的袖边缝合。

6. 领片编织。领圈边挑168针，圈织14行单罗纹，形成圆领。毛衣编织完成。

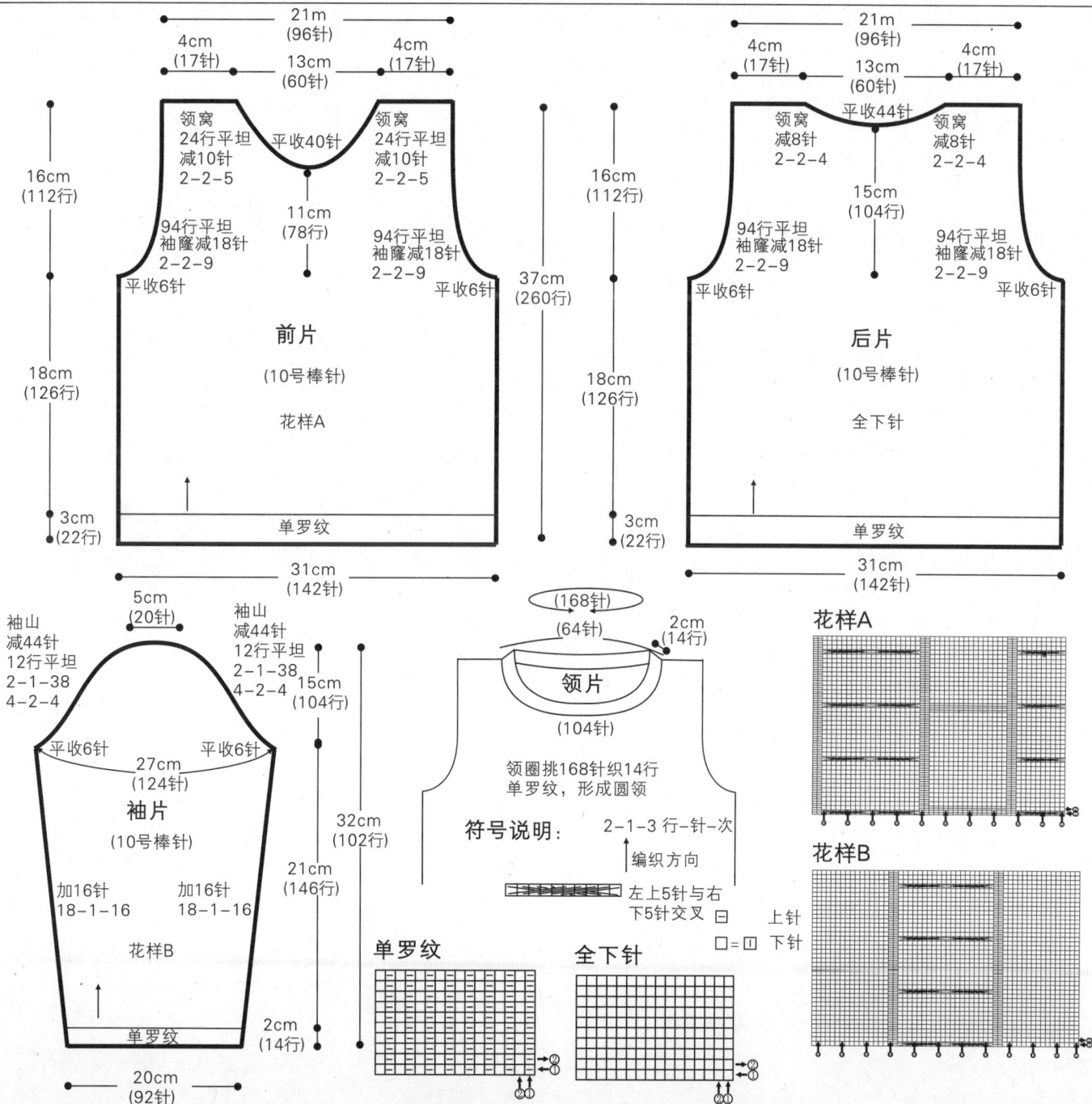

前片图示：
- 21m（96针）
- 4cm（17针）　13cm（60针）　4cm（17针）
- 16cm（112行）
- 领窝 24行平坦 减10针 2-2-5　平收40针　领窝 24行平坦 减10针 2-2-5
- 11cm（78行）
- 94行平坦 袖隆减18针 2-2-9　平收6针　94行平坦 袖隆减18针 2-2-9　平收6针
- 18cm（126行）
- 37cm（260行）
- 前片（10号棒针）花样A
- 3cm（22行）单罗纹
- 31cm（142针）

后片图示：
- 21m（96针）
- 4cm（17针）　13cm（60针）　4cm（17针）
- 16cm（112行）
- 平收44针
- 领窝 减8针 2-2-4　领窝 减8针 2-2-4
- 15cm（104行）
- 94行平坦 袖隆减18针 2-2-9　平收6针　94行平坦 袖隆减18针 2-2-9　平收6针
- 18cm（126行）
- 后片（10号棒针）全下针
- 3cm（22行）单罗纹
- 31cm（142针）

袖片图示：
- 5cm（20针）
- 袖山 减44针 12行平坦 2-1-38 4-2-4　袖山 减44针 12行平坦 2-1-38 4-2-4
- 平收6针　27cm（124针）　平收6针
- 15cm（104行）
- 袖片（10号棒针）
- 加16针 18-1-16　加16针 18-1-16
- 花样B
- 32cm（102行）
- 21cm（146行）
- 单罗纹 2cm（14行）
- 20cm（92针）

领片图示：
- （168针）
- （64针）　2cm（14行）
- 领片（104针）
- 领圈挑168针织14行单罗纹，形成圆领

符号说明：
- 2-1-3 行-针-次
- 编织方向
- 左上5针与右下5针交叉
- □=□ 上针 下针

单罗纹

全下针

花样A

花样B

107

可爱小熊毛衣

【成品规格】	胸宽32cm，下摆42cm，衣长42cm， 肩宽32cm，袖长30.5cm
【工　具】	7号棒针，2/0钩针
【编织密度】	18针×24行=10cm²
【材　料】	驼色圈圈绒300g，黑色圈圈绒125g

编织要点:

1.先织后片，用7号棒针起76针，编织下针，两侧按图

示减针，织25cm到腋下，不加不减织17cm，收针，断线。

2.前片，用7号棒针起76针，编织下针，两侧按图示减针，织25cm到腋下，不加不减继续往上编织，织至衣长最后6cm时，开始领口减针，减针方法如图，肩留15针，待用。

3.袖，7号棒针起36针，编织下针，两侧按图示加针，织30cm，收针，断线。

4.分别合并肩线，侧缝线和袖下线，并缝合袖子。

5.帽，7号棒针挑56针，编织下针，如图示，并按相同的符号缝合。

6.袋，用钩针按口袋编织钩编口袋，并缝合在相应的位置。

7.眼睛、嘴巴按花样A钩编。耳朵用7号棒针按花样B编织。

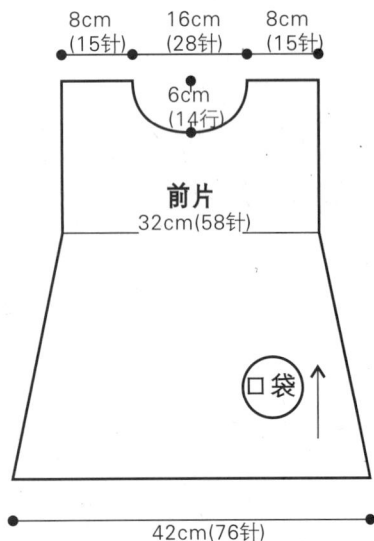

前片
32cm(58针)

8cm(15针)　16cm(28针)　8cm(15针)

6cm(14行)

领口减针
平织2行
2-1-4
2-2-1
2-3-1
停织10针

两侧减针
平织6行
6-1-9

17cm(40行)

25cm(60行)

口袋

42cm(76针)

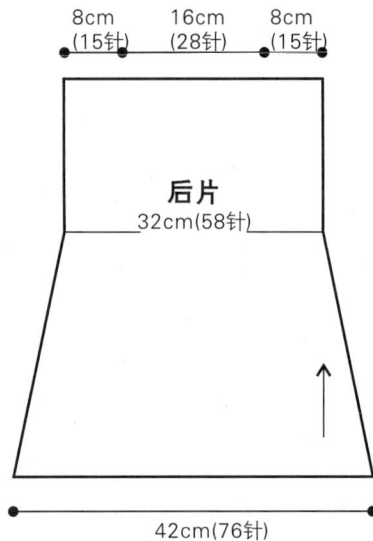

后片
32cm(58针)

8cm(15针)　16cm(28针)　8cm(15针)

42cm(76针)

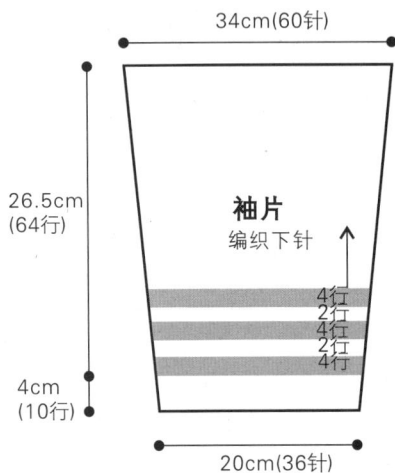

袖片
编织下针

34cm(60针)

26.5cm(64行)

袖下加针
平织2行
6-1-12

20cm(48行)

4行
2行
4行
2行
4行

4cm(10行)

20cm(36针)

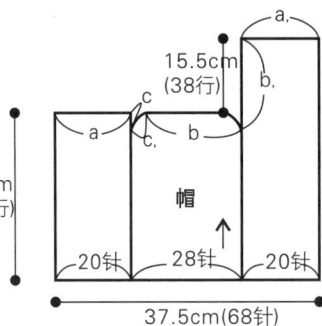

帽

15.5cm(38行)

帽顶减针
2-1-3

a　c　b
a,　c,　b,

20针　28针　20针

37.5cm(68针)

钩编
花样A

尾巴的制作方法

2行黑色

24行

18针

放入填充物后，抽笼并打结，固定好。

花样A

口袋编织

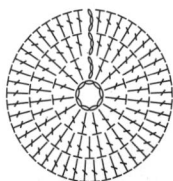

花样B

符号说明
□ 下针
V 滑针

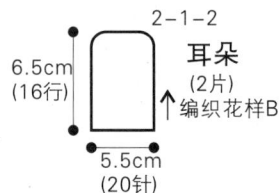

2-1-2

6.5cm(16行)

耳朵
(2片)

编织花样B

5.5cm(20针)

灰色圆领装

【成品规格】 衣长42cm，下摆宽33cm，肩宽25cm，袖长35cm

【工　具】 10号棒针，缝衣针

【编织密度】 24针×32行=10cm²

【材　料】 灰色羊毛线400g，白色、藕色线少许

编织要点：

1. 毛衣用棒针编织，由1片前片、1片后片、2片袖片组成，从下往上编织。
2. 先编织前片。
(1) 用下针起针法起80针，编织10行双罗纹后，改织全下针，并配色，侧缝不用加减针，织66行至袖隆。
(2) 袖隆以上的编织。两边袖隆平收4针后减针，方法是每2行减1针减6次，各减8针，不加不减织46行至肩部。
(3) 同时织至袖隆算起32行时，开始开领窝，中间平收12针，然后两边减针，方法是每2行减2针减3次 每2行减1针减6次，各减12针，不加不减织8行至肩部余12针。
3. 编织后片。
(1) 用下针起针法起80针，编织10行双罗纹后，改织全下针，并配色，侧缝不用加减针，织66行至袖隆。
(2)袖隆以上的编织。两边袖隆平收4针后减针，方法是每2行减1针减6次，各减6针，不加不减织46行至肩部。
(3) 同时织至从袖隆算起54行时，开始开领窝，中间平收32针，然后两边减针，方法是每2行减1针减2次，至肩部余12针。
4. 袖片编织。用下针起针法起52针，织10行双罗纹后，改织全下针，并配色，袖下加针，方法是每8行加1针加8次，织至66行时，两边平收4针，开始袖山减针，方法是每4行减2针减6次，每2行减1针减6次，共减18针，至顶部余24针。
5. 缝合。将前片的侧缝与后片的侧缝对应缝合。前片的肩部与后片的肩部缝合，两边袖片的袖下缝合后，分别与衣片的袖边缝合。
6. 领片编织。领圈边挑102针，圈织8行双罗纹，形成圆领。
7. 用缝衣针，白色线绣上十字绣图案。毛衣编织完成。

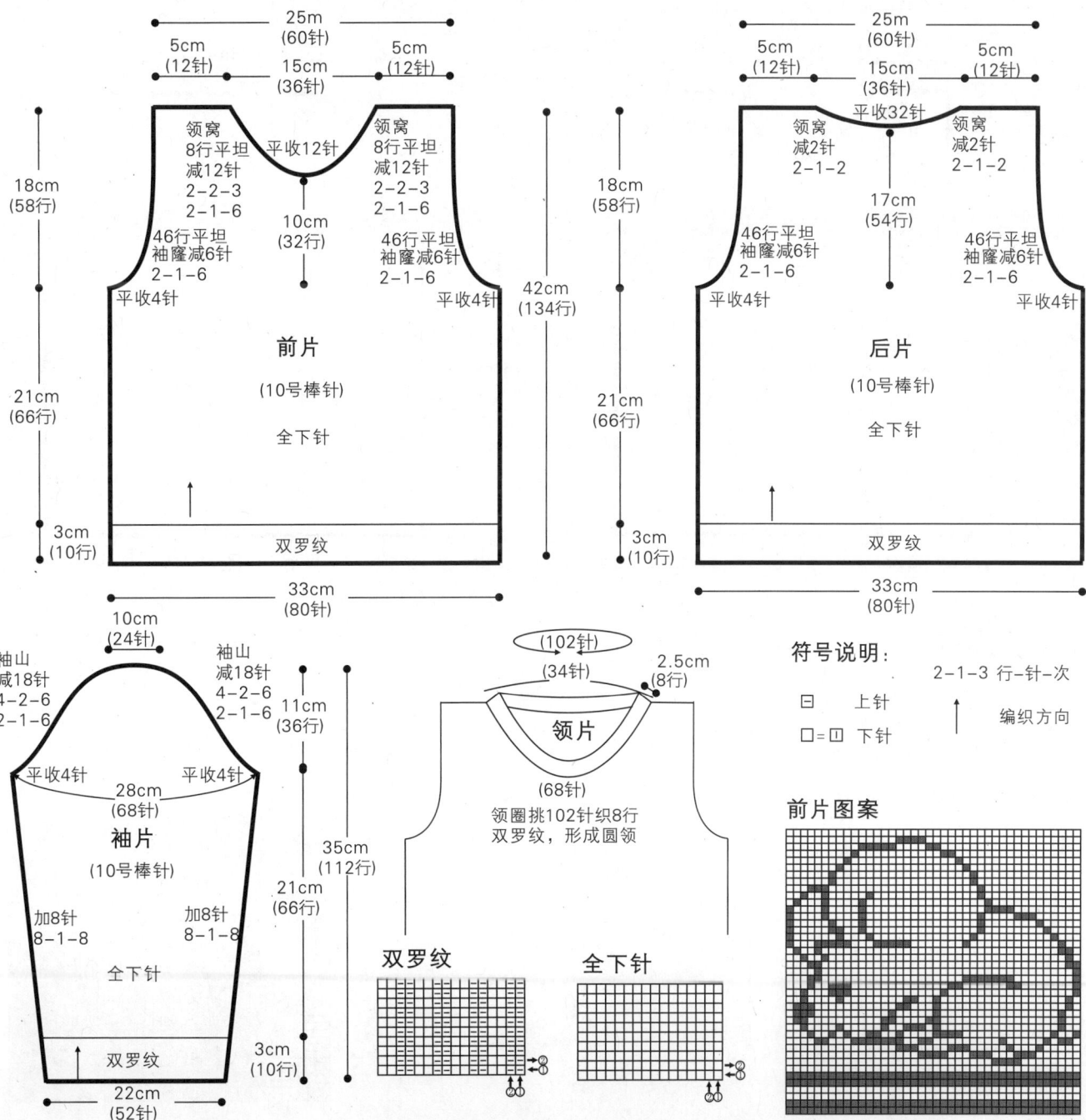

前片

25m（60针）
5cm（12针）　15cm（36针）　5cm（12针）

领窝
8行平坦
减12针
2-2-3
2-1-6
平收12针

10cm（32行）

46行平坦
袖隆减6针
2-1-6

平收4针

18cm（58行）
21cm（66行）
3cm（10行）
42cm（134行）

前片
（10号棒针）
全下针
双罗纹

33cm（80针）

后片

25m（60针）
5cm（12针）　15cm（36针）　5cm（12针）

平收32针

领窝
减2针
2-1-2

领窝
减2针
2-1-2

17cm（54行）

46行平坦
袖隆减6针
2-1-6

平收4针

18cm（58行）
21cm（66行）
3cm（10行）

后片
（10号棒针）
全下针
双罗纹

33cm（80针）

袖片

10cm（24针）

袖山减18针
4-2-6
2-1-6

袖山减18针
4-2-6
2-1-6

平收4针　28cm（68针）　平收4针

11cm（36行）

袖片
（10号棒针）
全下针

加8针
8-1-8

加8针
8-1-8

35cm（112行）
21cm（66行）
3cm（10行）

双罗纹

22cm（52针）

领片

（102针）
（34针）
2.5cm（8行）

领片

（68针）

领圈挑102针织8行双罗纹，形成圆领

双罗纹

全下针

符号说明：

□　上针
□=□　下针

2-1-3　行-针-次

↑　编织方向

前片图案

配色经典毛衣

【成品规格】 衣长36cm，下摆宽40cm，肩宽28cm，袖长32cm

【工　具】 10号棒针，缝衣针

【编织密度】 20针×32行＝10cm²

【材　料】 灰色、白色、黑色羊毛线各100g

编织要点：

1. 毛衣用棒针编织，由1片前片、1片后片、2片袖片组成，从下往上编织。
2. 先编织前片。
(1) 用下针起针法起80针，编织16行单罗纹后，改织全下针，并编入配色图案，侧缝不用加减针，织52行至袖窿。
(2) 袖窿以上的编织。两边袖窿平收4针后减针，方法是每2行减2针减4次，各减8针，不加不减织40行至肩部。

(3) 同时织至袖窿算起28行时，开始开领窝，中间平收20针，然后两边减针，方法是每2行减1针减6次，各减6针，不加不减织8行至肩部余12针。
3. 编织后片。
(1) 用下针起针法起80针，编织16行单罗纹后，改织全下针，并配色，侧缝不用加减针，织52行至袖窿。
(2) 袖窿以上的编织。两边袖窿平收4针后减针，方法是每2行减2针减4次，各减8针，不加不减织40行，不用开领窝，至顶部余56针。
4. 袖片编织。用下针起针法起40针，织16行单罗纹后，改织全下针，袖下加针，方法是每6行加1针加8次，织至52行时，两边平收4针，开始袖山减针，方法是每2行减1针减18次，至顶部余12针。
5. 缝合。将前片的侧缝与后片的侧缝对应缝合。前片的肩部与后片的肩部缝合，两袖片的袖下缝合后，分别与衣片的袖边缝合。
6. 领片编织。领圈边挑88针，圈织12行单罗纹，形成圆领。毛衣编织完成。

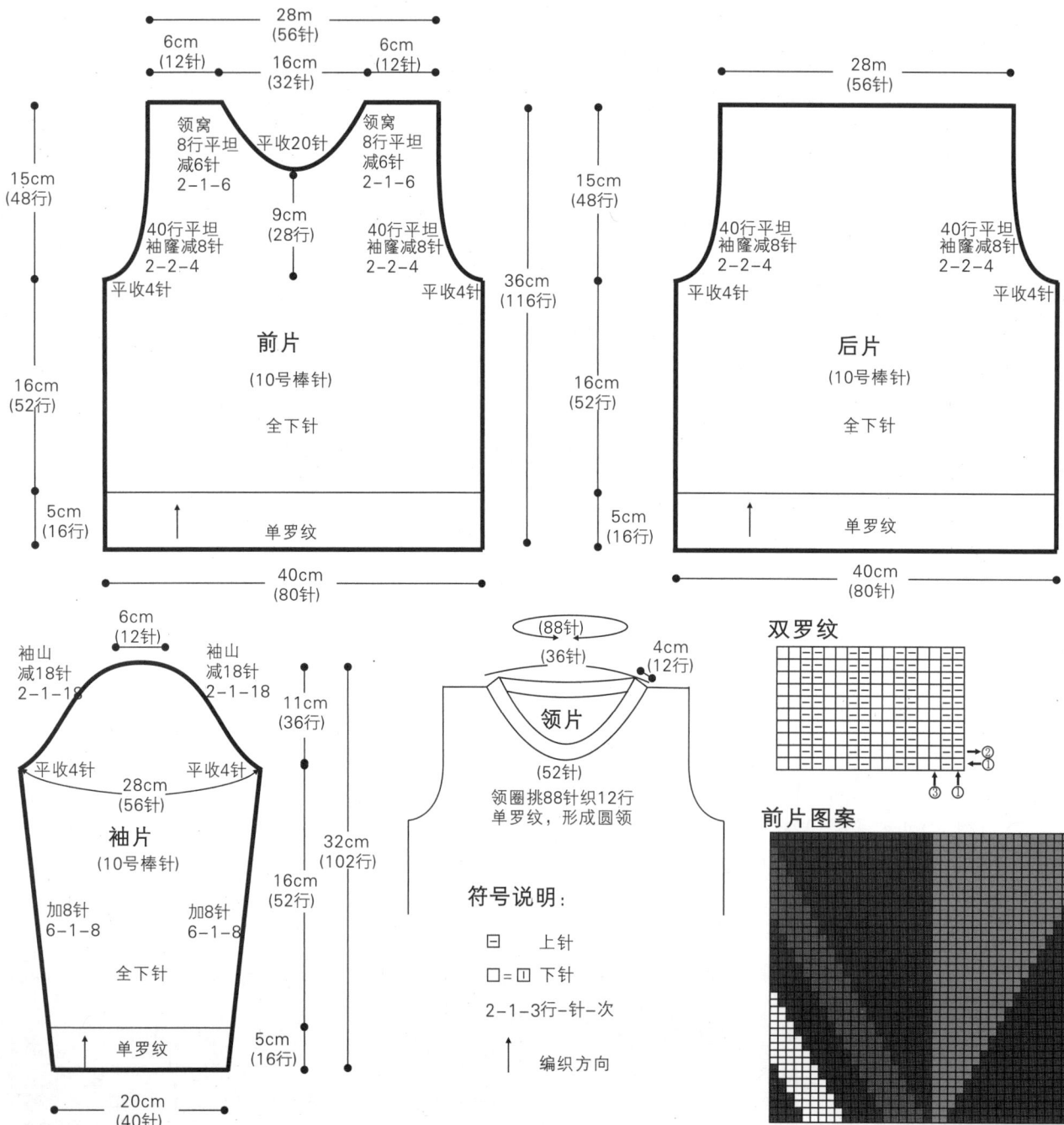

前片
(10号棒针)
全下针
单罗纹

领窝
8行平坦
减6针
2-1-6
平收20针
40行平坦
袖窿减8针
2-2-4
平收4针
9cm
(28行)
28m
(56针)
6cm
(12针)
16cm
(32针)
6cm
(12针)
15cm
(48行)
16cm
(52行)
5cm
(16行)
36cm
(116行)
40cm
(80针)

后片
(10号棒针)
全下针
单罗纹

28m
(56针)
40行平坦
袖窿减8针
2-2-4
平收4针
15cm
(48行)
16cm
(52行)
5cm
(16行)
40cm
(80针)

袖片
(10号棒针)
全下针
单罗纹

袖山减18针
2-1-18
平收4针
28cm
(56针)
加8针
6-1-8
6cm
(12针)
11cm
(36行)
32cm
(102行)
16cm
(52行)
5cm
(16行)
20cm
(40针)

领片
(88针)
(36针)
4cm
(12行)
(52针)
领圈挑88针织12行
单罗纹，形成圆领

符号说明：

□　上针
□=□　下针
2-1-3行-针-次
↑　编织方向

双罗纹

前片图案

110

运动型男孩装

【成品规格】 胸宽37.5cm，衣长40.5cm，袖长(连肩)40.5cm

【工　　具】 11号、10号棒针

【编织密度】 27.5针×38行=10cm²

【材　　料】 灰色毛线150g，咖啡色毛线110g，红色毛线20g，绿色毛线20g，纽扣3枚

编织要点:

1.先织后片，用11号棒针灰色毛线起106针。织3行双罗纹，换咖啡色毛线，织17行双罗纹，然后换10号棒针，红色毛线，织16行下针，再换绿色毛线织16行下针(换色方法见色卡)，不加不减织20.5cm到腋下，进行斜肩减针，减针方法如图，减至后领留34针，待用。

2.前片，用11号棒针灰色毛线起106针，织3行双罗纹，换咖啡色毛线，织17行双罗纹，然后换10号棒针，编织下针，织24行，换绿色毛线，织2行，再换灰色毛线织至20.5cm到腋下，进行斜肩减针，减针方法如图，织至灰色62行时，换绿色毛线，织2行，再换成咖啡色毛线，织至第8行时，中间平收8针，两侧分开编织，在织到离衣长还差3.5cm时，进行领口减针，减针方法如图，此时领口与斜肩同时减针，减至最后领口与肩共留1针，待用。

3.袖，11号棒针咖啡色毛线起56针，织20行双罗纹，换10号棒针，灰色毛线，棒针下针，两侧按图示加针，织20.5cm到腋下，这时加针到86针，然后开始斜肩减针，减针方法如图，减到最后留下14针。

4.缝合前后片的侧缝和袖下线，并合并斜肩线。

5.门襟、领口挑织双罗纹。

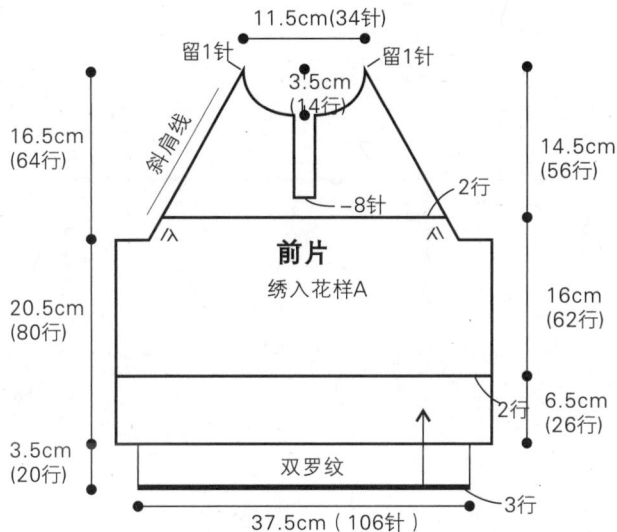

前领减针
平织2行
2-1-4
2-2-1
2-3-1
1-3-1

斜肩减针
4-2-16
1-4-1

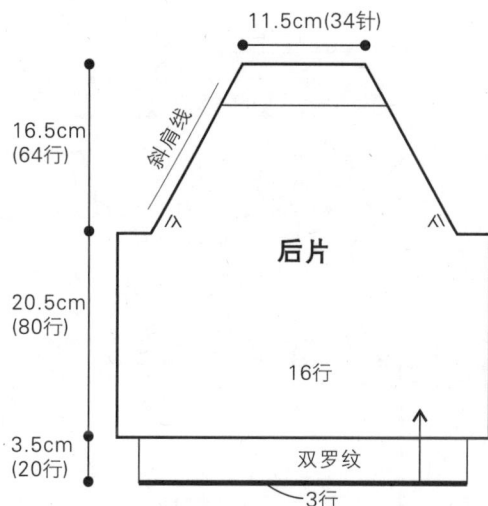

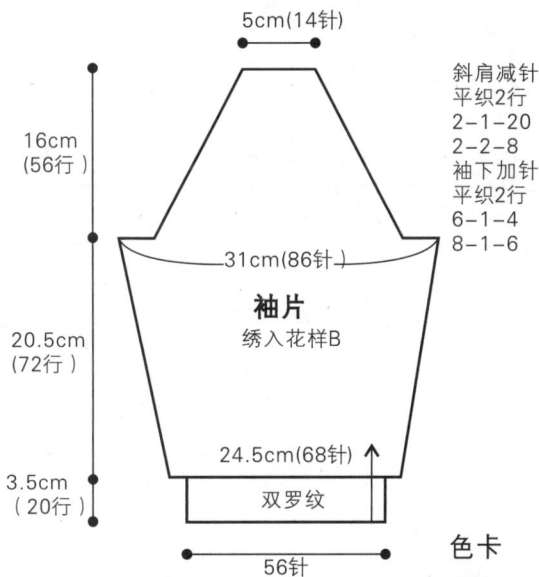

斜肩减针
平织2行
2-1-20
2-2-8
袖下加针
平织2行
6-1-4
8-1-6

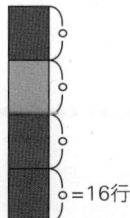

色卡

=16行

花样A

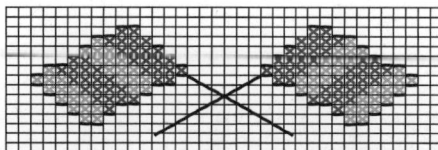

花样B

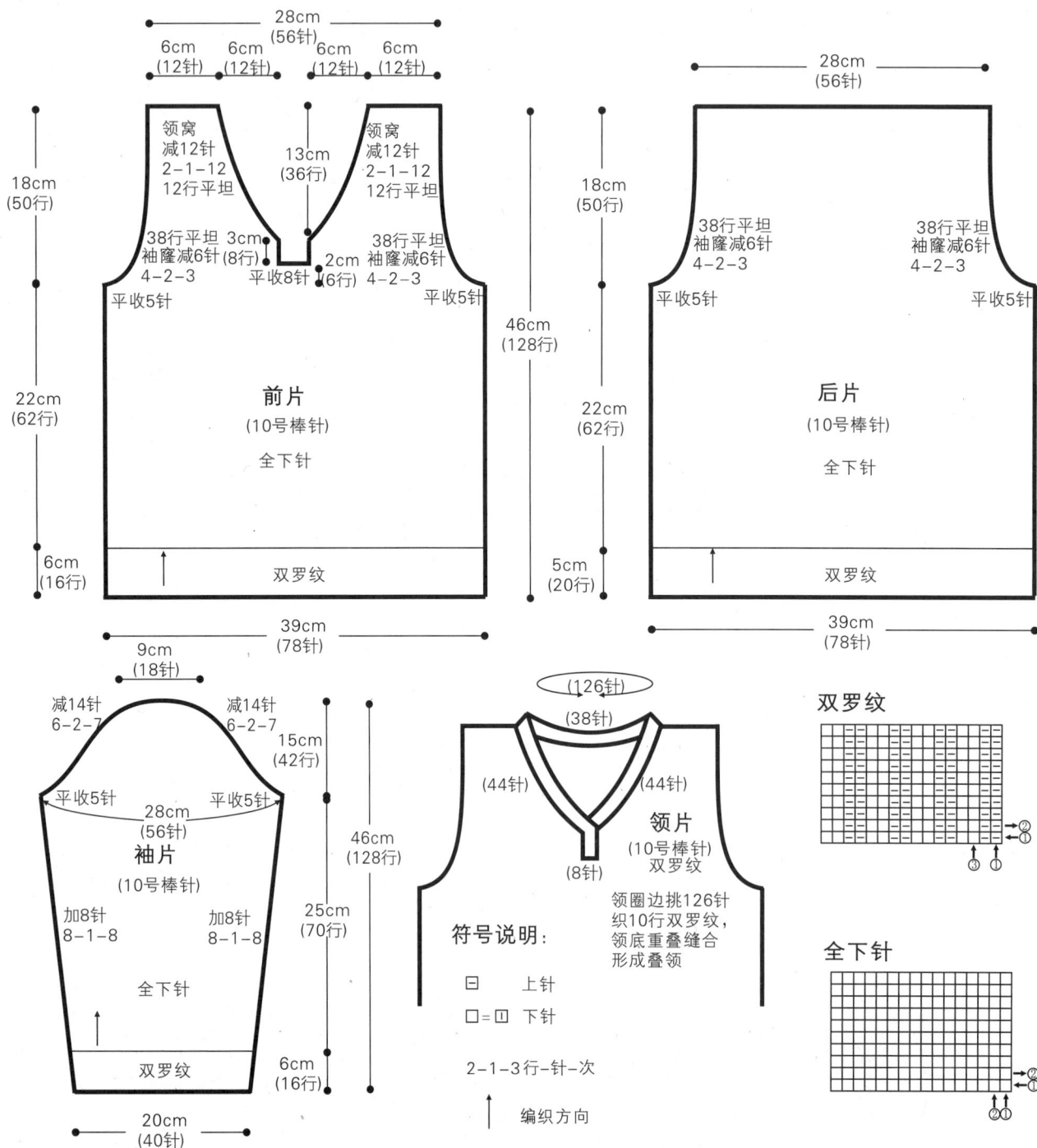

条纹V领衫

【成品规格】 衣长46cm，下摆宽39cm，袖长46cm

【工　具】 10号棒针，缝衣针

【编织密度】 20针×28行＝10cm²

【材　料】 白色、蓝色、藕色羊毛线400g，黑色线少许，纽扣3枚

编织要点：

1. 毛衣用棒针编织，由1片前片、1片后片、2片袖片组成，从下往上编织。

2. 先编织前片。

(1) 用下针起针法起78针，编织16行双罗纹，然后改织全下针，并配色，侧缝不用加减针，织62行至袖隆。

(2) 袖隆以上的编织。两边袖隆分别平收5针后减针，方法是每4行减2针减3次，余下针数不加不减织38行至肩部。(3) 同时织至袖隆算起6行时，在中间平收8针，然后分左右2片编织，分别织至8行时，两边进行领窝减针，方法是每2行减1针减12次，共减12针，织36行至肩部余12针。

3. 编织后片。袖隆和袖隆以下编织方法与前片袖隆一样。不用开领窝，织至顶部余56针。

4. 袖片编织。用下针起针法起40针，织16行双罗纹后，改织全下针，并配色，袖下加针，方法是每8行加1针加8次，织至70行时，两边袖山平收5针后减针，方法是每6行减2针减7次。至顶部余18针。

5. 缝合。将前片的侧缝与后片的侧缝对应缝合。前片的肩部与后片的肩部缝合，两边袖片的袖下缝合后，分别与衣片的袖边缝合。

6. 领子编织。领圈边挑126针，织10行双罗纹，底边重叠缝合，形成叠领。

7. 用缝衣针缝上纽扣，毛衣编织完成。

前片（10号棒针）全下针

后片（10号棒针）全下针

28cm（56针）
6cm（12针） 6cm（12针） 6cm（12针） 6cm（12针）
领窝减12针 2-1-12 12行平坦
13cm（36行）
18cm（50行）
38行平坦 袖隆减6针 4-2-3
平收5针
3cm 平收8针（6行） 2cm（6行）
22cm（62行）
46cm（128行）
6cm（16行）
双罗纹
39cm（78针）

28cm（56针）
18cm（50行）
38行平坦 袖隆减6针 4-2-3
平收5针
22cm（62行）
5cm（20行）
双罗纹
39cm（78针）

袖片（10号棒针）全下针
9cm（18针）
减14针 6-2-7
平收5针 平收5针
28cm（56针）
15cm（42行）
46cm（128行）
加8针 8-1-8
25cm（70行）
双罗纹
6cm（16行）
20cm（40针）

领片（10号棒针）双罗纹
（126针）
（38针）
（44针） （44针）
（8针）
领圈边挑126针织10行双罗纹，领底重叠缝合形成叠领

双罗纹

全下针

符号说明：
□ 上针
□＝□ 下针

2-1-3行－针－次

↑ 编织方向

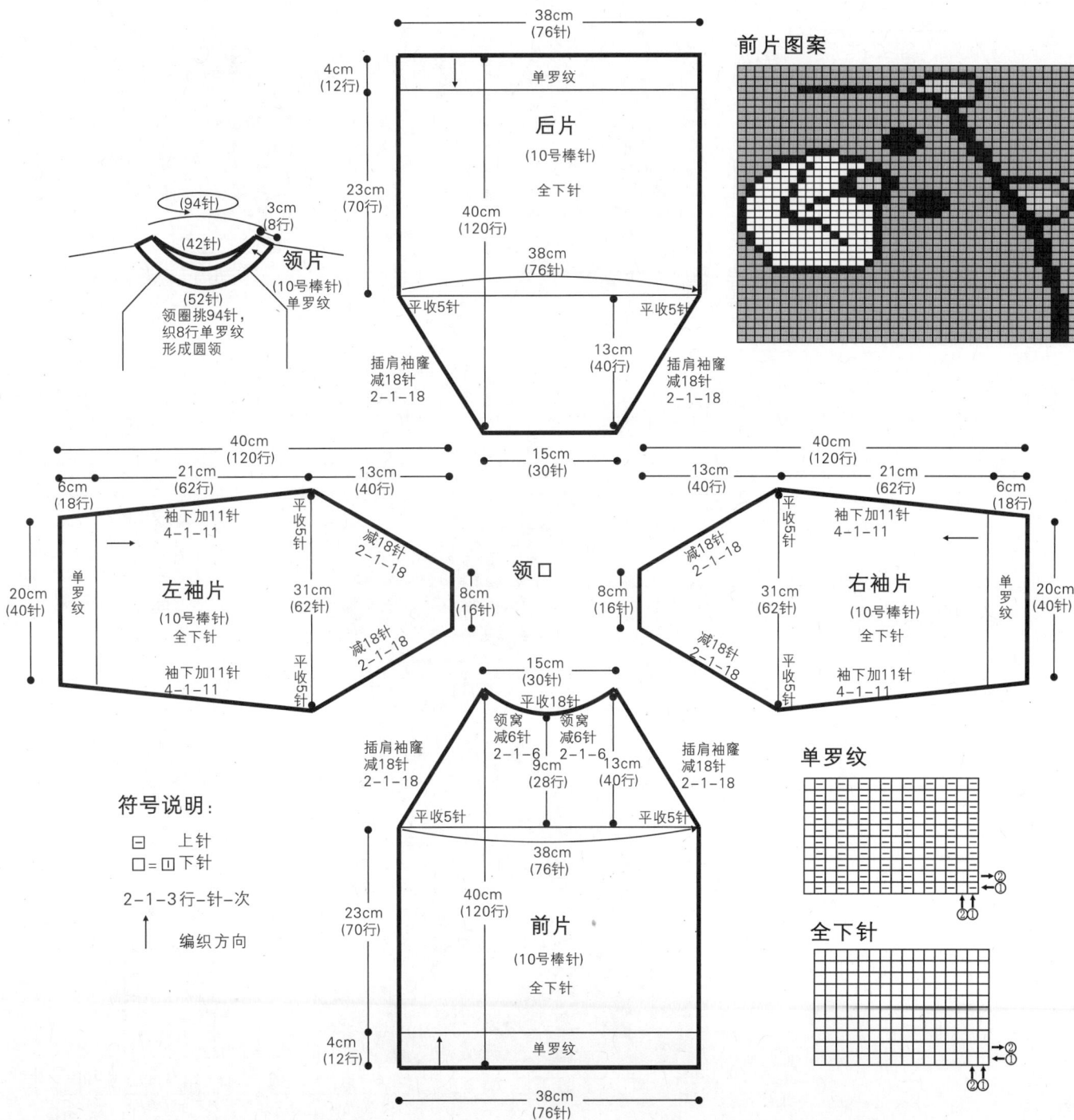

创意图案毛衣

【成品规格】 衣长40cm，下摆宽38cm，连肩袖长40cm

【工　具】 10号棒针，缝衣针

【编织密度】 20针×30行=10cm²

【材　料】 绿色羊毛线400g，白色线等少许

编织要点：

1. 插肩毛衣用棒针编织，由1片前片、1片后片、2片袖片组成，从下往上编织。

2. 先编织前片。

(1) 用下针起针法，起76针，先织12行单罗纹后，改织全下针，并编入图案，侧缝不用加减针，织70行至插肩袖隆。

(2) 袖隆以上的编织。两边平收5针后，进行插肩袖隆减针，方法是每2行减1针减18次，各减18针，织40行至顶部。

(3) 同时织至从袖隆算起28行时，中间平收18针后，开始两边领窝减针，方法是每2行减1针减6次，织12行针数减完。

3. 编织后片。插肩袖隆和袖隆以下的编织方法与前片一样，不用领窝减针。

4. 编织袖片。用下针起针法起40针，先织18行单罗纹后，改织全下针，两边袖下加针，方法是每4行加1针加11次，织至62行两边平收5针后，开始插肩减针，方法是每2行减1针减18次，各减18针，织40行至顶部余18针，同样方法编织另一袖，收针断线。

5. 缝合。将前片的侧缝与后片的侧缝对应缝合。袖片的袖下分别缝合，袖片的插肩部与衣片的插肩部缝合。

6. 领圈编织。领圈边挑94针，圈织8行单罗纹，形成圆领。毛衣编织完成。

前片图案

后片
(10号棒针)
全下针

4cm
(12行)
单罗纹

38cm
(76针)

23cm
(70行)

40cm
(120行)

38cm
(76针)

平收5针　平收5针

13cm
(40行)

插肩袖隆
减18针
2-1-18

插肩袖隆
减18针
2-1-18

(94针)

3cm
(8行)

(42针)

领片
(10号棒针)
单罗纹

(52针)

领圈挑94针，
织8行单罗纹
形成圆领

40cm
(120行)

6cm
(18行)

21cm
(62针)

13cm
(40行)

15cm
(30针)

领口

13cm
(40行)

21cm
(62针)

6cm
(18行)

袖下加11针
4-1-11

平收5针

减18针
2-1-18

减18针
2-1-18

平收5针

袖下加11针
4-1-11

20cm
(40针)

单罗纹

左袖片
(10号棒针)
全下针

31cm
(62针)

8cm
(16针)

8cm
(16针)

31cm
(62针)

右袖片
(10号棒针)
全下针

单罗纹

20cm
(40针)

袖下加11针
4-1-11

袖下加11针
4-1-11

符号说明：

□　上针

□=□ 下针

2-1-3行–针–次

↑　编织方向

15cm
(30针)

平收18针

领窝
减6针
2-1-6

领窝
减6针
2-1-6

插肩袖隆
减18针
2-1-18

插肩袖隆
减18针
2-1-18

9cm
(28行)

13cm
(40行)

平收5针

平收5针

38cm
(76针)

23cm
(70行)

40cm
(120行)

前片
(10号棒针)
全下针

4cm
(12行)

单罗纹

38cm
(76针)

单罗纹

全下针

113

小猫插肩袖毛衣

【成品规格】 衣长32cm，胸围60cm，连肩袖长32cm

【工 具】 10号、12号棒针

【编织密度】 30针×35行＝10cm²

【材 料】 红色毛线150g，灰色线150g，白色线少许

编织要点：

1.后片，起92针织起伏针10行后，两侧各留16针织引退针织出斜角，织15cm开挂肩，腋下各平收4针，留3针边针为径，两侧各收26针后平收。

2.前片，织法同后片。左下侧织入白色猫咪图案，领窝留5cm，开挂肩织36行开始收织领窝，中心平收8针，两侧按图示减针。

3.袖，从下往上织，起48针织起伏针10行后织平针，两侧加针织袖筒15cm，袖山收针同后片。

4.领，12号棒针沿领窝挑出92针织单罗纹10行平收，缝合各片，在前片绣入十字绣图案，完成。

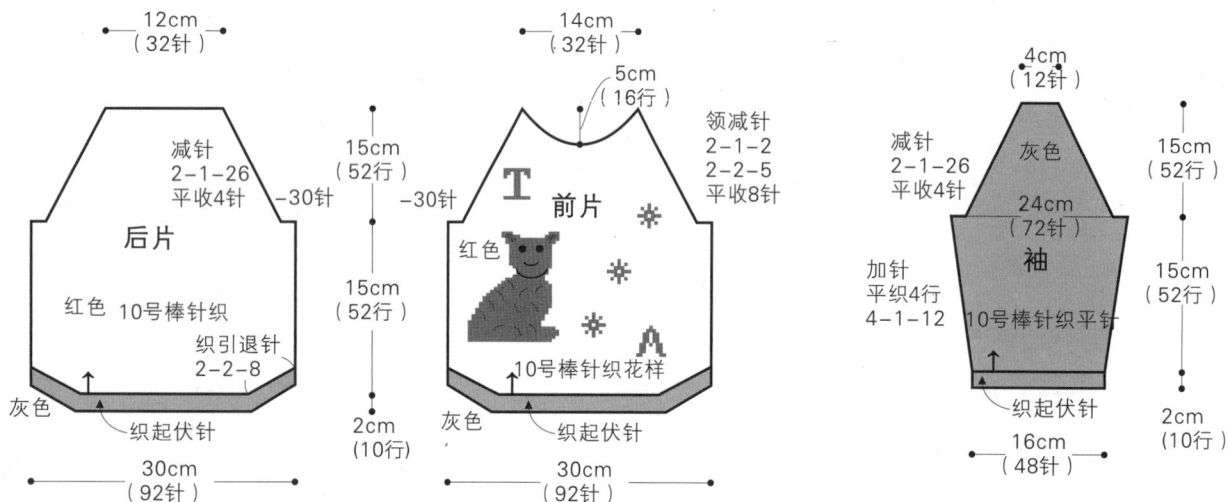

12cm（32针）

减针 2-1-26 平收4针 -30针

15cm（52行）

后片

红色 10号棒针织

织引退针 2-2-8

灰色 织起伏针

15cm（52行）

2cm（10行）

30cm（92针）

14cm（32针）

5cm（16行）

领减针 2-1-2 2-2-5 平收8针

-30针

红色

前片

10号棒针织花样

灰色 织起伏针

30cm（92针）

4cm（12针）

减针 2-1-26 平收4针

灰色

24cm（72针）

袖

加针 平织4针 4-1-12

10号棒针织平针

织起伏针

15cm（52行）

15cm（52行）

2cm（10行）

16cm（48针）

领

12号棒针织单罗纹 2cm（10行）

灰色

挑92针

编织花样及十字绣图案

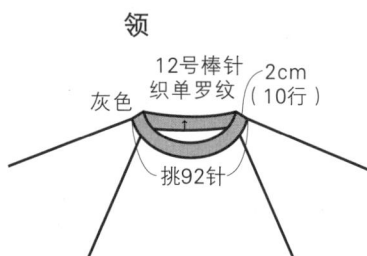

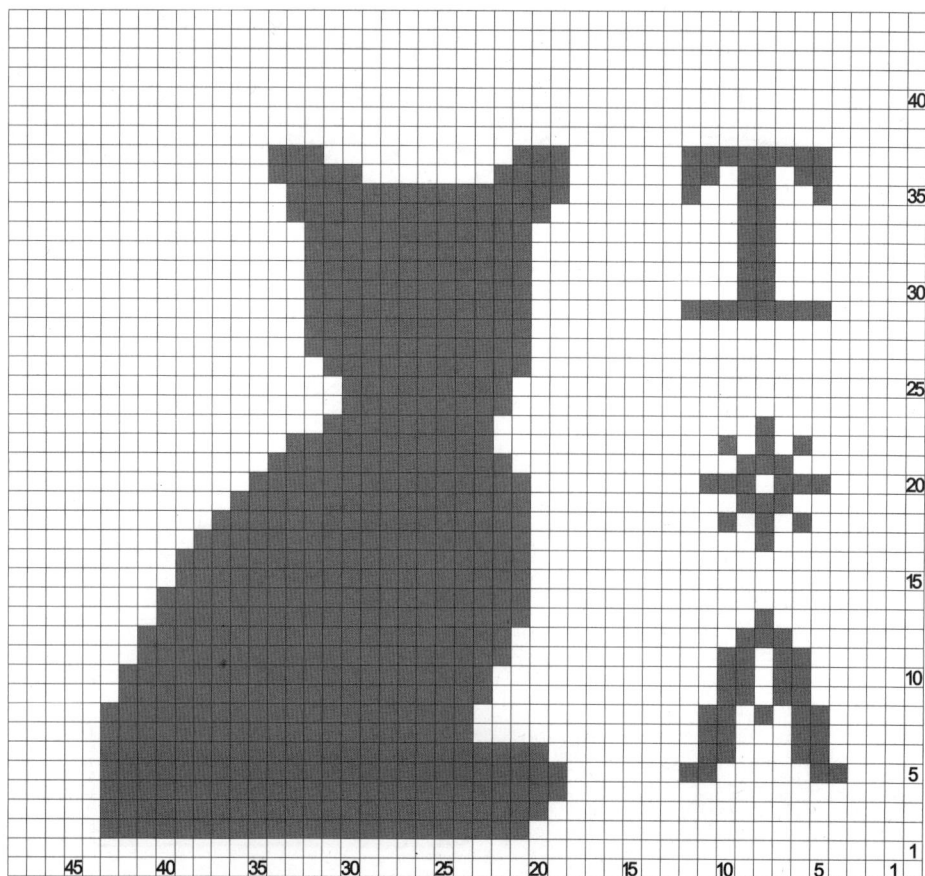

□=□

40

35

30

25

20

15

10

5

1

45　40　35　30　25　20　15　10　5　1

扭八花样毛衣

【成品规格】 衣长42cm，下摆宽32cm，肩宽25cm，袖长39cm

【工　　具】 10号棒针，缝衣针

【编织密度】 22针×30行=10cm²

【材　　料】 深褐色羊毛线400g

编织要点：

1. 毛衣用棒针编织，由1片前片、1片后片、2片袖片组成，从下往上编织。

2. 先编织前片。
(1) 用下针起针法起70针，编织18行双罗纹后，改织花样A，侧缝不用加减针，织60行至袖隆。
(2) 袖隆以上的编织。两边袖隆平收4针后减针，方法是每2行减1针减4次，各减4针，不加不减织40行至肩部。

(3) 同时织至袖隆算起30行时，开始开领窝，中间平收12针，然后两边减针，方法是每2行减1针减8次，各减8针，织18行至肩部余13针。

3. 编织后片。
(1) 用下针起针法起70针，编织18行双罗纹后，改织花样A，侧缝不用加减针，织60行至袖隆。
(2) 袖隆以上的编织。两边袖隆平收4针后减针，方法是每2减1针减4次，各减4针，不加不减织40行至肩部。不用开领窝，至肩部余54针。

4. 袖片编织。用下针起针法起48针，织18行双罗纹后，改织花样A，袖下加针，方法是每6行加1针加10次，织至60行时，两边平收4针，开始袖山减针，方法是每2行减1针减18次，至顶部余24针。

5. 缝合。将前片的侧缝与后片的侧缝对应缝合。前片的肩部与后片的肩部缝合，两边袖片的袖下缝合后，分别与衣片的袖边缝合。

6. 领片编织。领圈边挑82针，圈织10行双罗纹，形成圆领。毛衣编织完成。

前片（10号棒针）花样A

25m（54针）
6cm（13针）　13cm（28针）　6cm（13针）

领窝 减8针 2-1-8　平收12针　领窝 减8针 2-1-8

16cm（48行）

40行平坦 袖隆减4针 2-1-4　　40行平坦 袖隆减4针 2-1-4

10cm（30行）

平收4针　　平收4针

20cm（60行）

6cm（18行）　双罗纹

32cm（70针）

42cm（126行）

后片（10号棒针）花样A

25m（54针）

16cm（48行）

40行平坦 袖隆减4针 2-1-4　　40行平坦 袖隆减4针 2-1-4

平收4针　　平收4针

20cm（60行）

6cm（18行）　双罗纹

32cm（70针）

袖片（10号棒针）

11cm（24针）

袖山 减18针 2-1-18　　袖山 减18针 2-1-18

平收4针　　平收4针
31cm（68针）

加10针 6-1-10　　加10针 6-1-10

花样A

双罗纹

22cm（48针）

13cm（40行）

39cm（118行）

20cm（60行）

6cm（18行）

领片

（82针）
（34针）
3cm（10行）

（48针）

领圈挑82针织10行双罗纹，形成圆领

符号说明：

☐ 上针

☐ = ☐ 下针

右上3针与左下3针交叉

2-1-3 行-针-次

↑ 编织方向

双罗纹

花样A

115

精致连帽装

【成品规格】	衣长28cm，下摆宽26cm，袖长24cm
【工　　具】	10号棒针，缝衣针
【编织密度】	26针×38行=10cm²
【材　　料】	白色羊毛线400g，灰色线少许，纽扣4枚

编织要点:

1. 毛衣用棒针编织，由一片式从下往上编织。

2. 先从下摆起针，用灰色线，分3部分起针，先起左前片下摆，下针起针法起26针，织6行花样A，同样织右前片下摆，然后起后片下摆，起52针，织6行花样A，然后合并编织，并在两边侧缝处各平加16针，并织6行花样A，其余改用白色线织全下针。

3. 织片继续编织，织至54行时开始分前后片，并进行袖窿减针，左右前片各分出34针，后片52针，并在分片

之间平收8针。

4. 先织左前片，进行袖窿减针，方法是每2行减1针减4次，不加不减织38行至肩部。同时从袖窿算起织至30行时，开始开领窝，门襟处平收6针后减针，方法是每2行减2针减2次，共减4针，不加不减织12行织肩部余16针，同样方法编织右前片。

5. 编织后片。进行两边袖窿减针，方法是每2行减1针减4次，各减4针不加不减织至38行后余52针，不用开领窝。

6. 袖片编织。用灰色线，下针起针法起64针，织6行花样A后，改织用白色线织全下针，袖下加针，方法是每12行加1针加6次，织72行时两边平收4针后，进行袖山减针，方法是每2行减1针减6次，织12行至顶部余56针，同样方法编织另一袖片。

7. 门襟编织。两边门襟分别挑62针，织20行双罗纹，左边均匀地开扣眼。

8. 帽片编织。领圈边用白色线挑84针，织全下针，织至60行时，两边平收30针，中间余24针继续编织44行，收针后，A与B缝合，C与D缝合，形成帽子，帽沿用灰色线挑106针，织6行花样A。

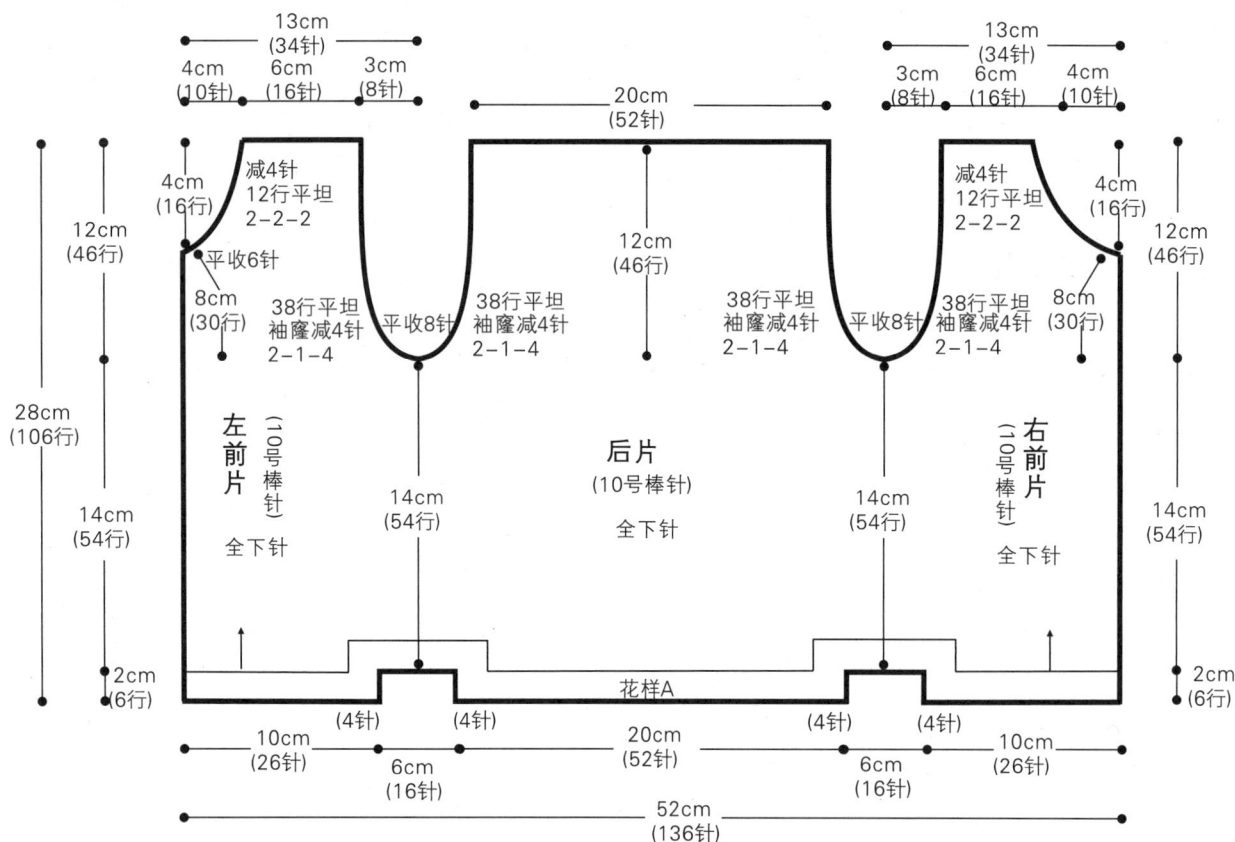

9. 缝上纽扣，毛衣编织完成。

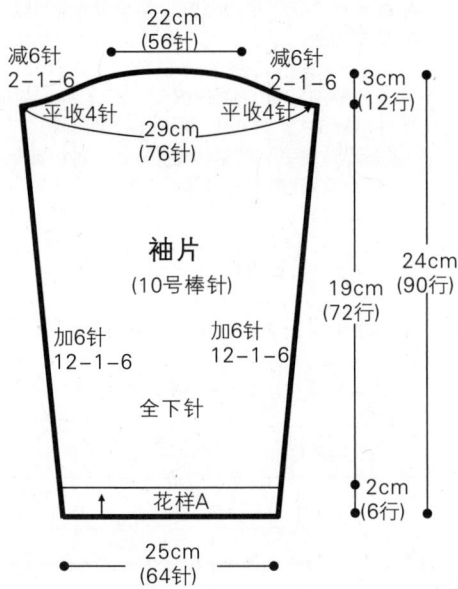

22cm
(56针)

减6针
2-1-6

减6针
2-1-6

3cm
(12行)

平收4针   平收4针

29cm
(76针)

袖片
(10号棒针)

24cm
(90行)

19cm
(72行)

加6针
12-1-6

加6针
12-1-6

全下针

花样A

2cm
(6行)

25cm
(64针)

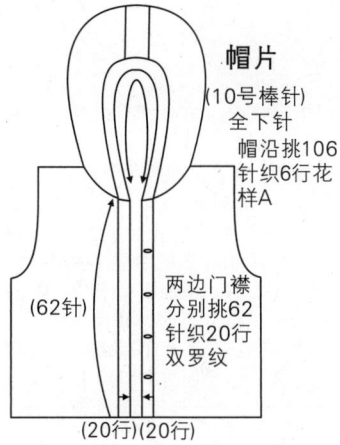

帽片
(10号棒针)
全下针
帽沿挑106
针织6行花
样A

两边门襟
分别挑62
针织20行
双罗纹

(62针)

(20行)(20行)

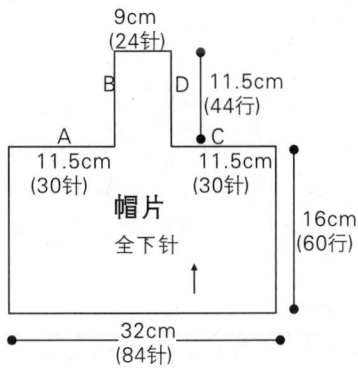

9cm
(24针)

B   D

11.5cm
(44行)

A   C

11.5cm
(30针)

11.5cm
(30针)

帽片
全下针

16cm
(60行)

32cm
(84针)

符号说明：

□   上针

□=□ 下针

2-1-3行-针-次

↑   编织方向

全下针

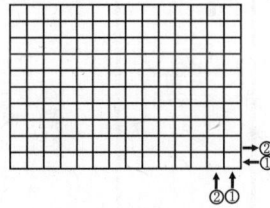

花样A

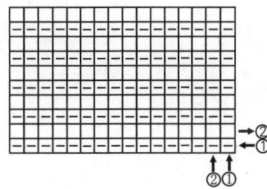

双罗纹

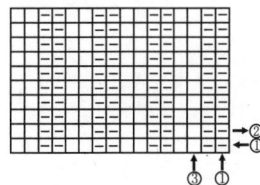

117

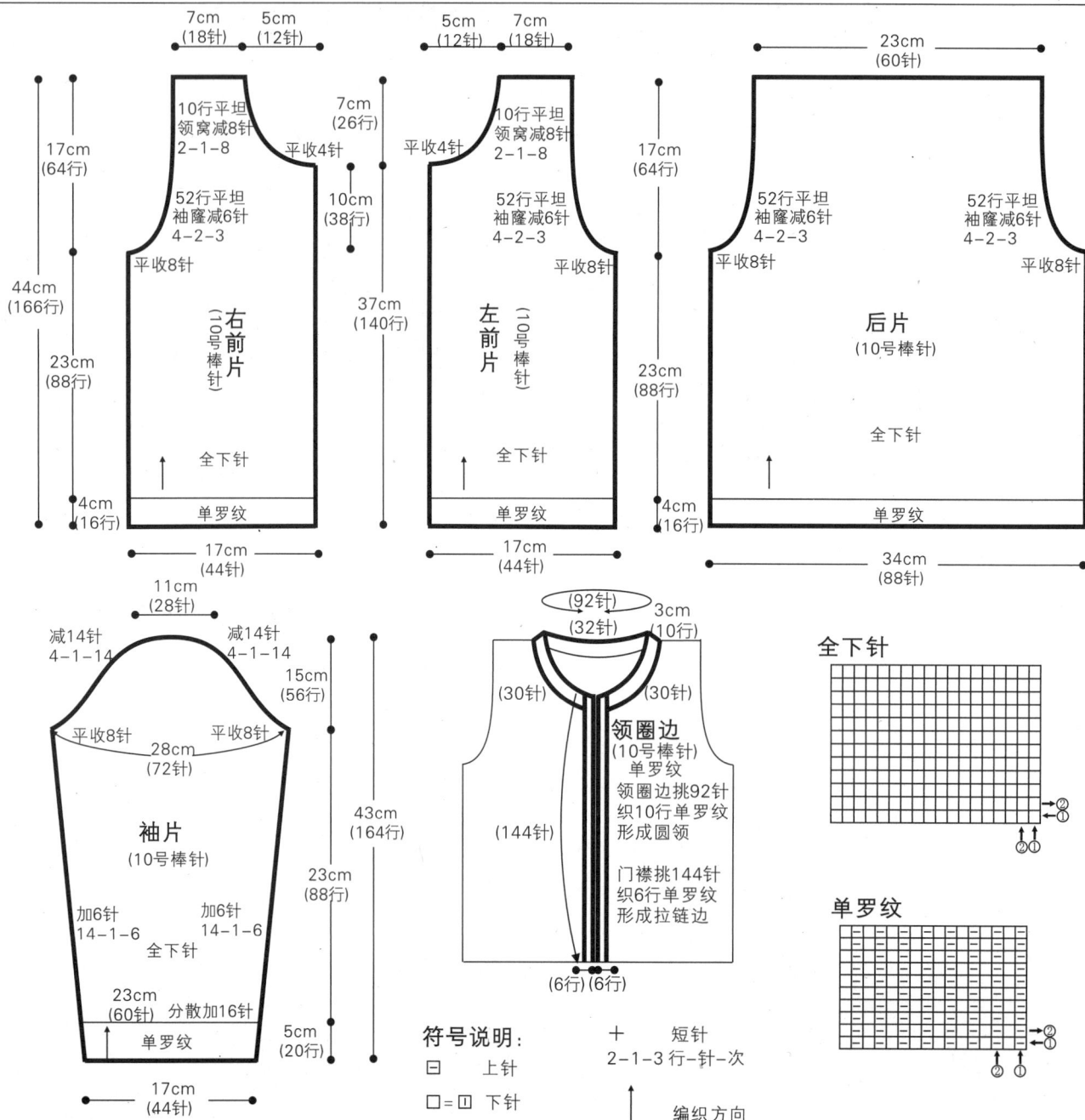

休闲风开衫

【成品规格】 衣长44cm，下摆宽34cm，袖长43cm

【工　　具】 10号棒针，缝衣针

【编织密度】 26针×38行=10cm²

【材　　料】 灰色羊毛线200g，拉链1条

编织要点：

1. 毛衣用棒针编织，由2片前片、1片后片、2片袖片组成，从下往上编织。

2. 先编织前片。分右前片和左前片编织。

(1) 右前片，用下针起针法，起44针，织16行单罗纹后，改织全下针，侧缝不用加减针，织88针至袖隆。

(2) 袖隆以上的编织。右侧袖隆平收8针后减针，方法是每织4行减2针减3次，不加不减织52行至肩部。

(3) 从袖隆算起织至38行时，领窝平收4针后减针，方法是每2行减1针减8次，不加不减织10行至肩部余18针。

(4) 相同的方法，相反的方向编织左前片。

3. 编织后片。

(1) 用下针起针法，起88针，织16行单罗纹后，改织全下针，侧缝不用加减针，织88针至袖隆。

(2) 袖隆以上编织。袖隆两边平收8针后开始减针，方法与前片袖隆一样。不用开领窝，至肩部余60针。

4. 编织袖片。

(1) 从袖口织起，用下针起针法，起44针，织20行单罗纹后，分散加16针，并改织全下针，两边袖侧缝加6针，方法是每14行加1针加6次，编织88行至袖隆。

(2) 开始两边平收8针，然后进行袖山减针，方法是两边分别每4行减1针减14次，编织完56行后余28针，收针断线。同样方法编织另一袖片。

5. 缝合。将前片的侧缝与后片的侧缝对应缝合，前后片的肩部对应缝合，再将两袖片的袖山边线与衣身的袖隆边对应缝合。

6. 领子编织。领圈边挑92针，织10行单罗纹，形成开襟圆领。

7. 门襟的编织。两边门襟分别挑144针，织6行单罗纹，形成拉链边。

8. 缝上拉链，毛衣编织完成。

7cm (18针)　5cm (12针)　5cm (12针)　7cm (18针)　23cm (60针)

17cm (64行)

10行平坦 领窝减8针 2-1-8　平收4针　7cm (26行)　平收4针　10行平坦 领窝减8针 2-1-8

17cm (64行)

52行平坦 袖隆减6针 4-2-3　10cm (38行)　52行平坦 袖隆减6针 4-2-3　52行平坦 袖隆减6针 4-2-3　52行平坦 袖隆减6针 4-2-3

平收8针　平收8针　平收8针　平收8针

44cm (166行)

23cm (88行)

右前片 (10号棒针)　37cm (140行)　左前片 (10号棒针)　17cm (64行)　后片 (10号棒针)

全下针　全下针　全下针

23cm (88行)

4cm (16行)　单罗纹　单罗纹　4cm (16行)　单罗纹

17cm (44针)　17cm (44针)　34cm (88针)

11cm (28针)

减14针 4-1-14　减14针 4-1-14

15cm (56行)

平收8针　平收8针　28cm (72针)

(92针) (32针)　3cm (10行)

(30针)　(30针)

领圈边 (10号棒针) 单罗纹 领圈边挑92针 织10行单罗纹 形成圆领

门襟挑144针 织6行单罗纹 形成拉链边

全下针

袖片 (10号棒针)　43cm (164行)

(144针)

23cm (88行)

加6针 14-1-6　加6针 14-1-6　全下针

23cm (60针) 分散加16针　5cm (20行)　单罗纹

(6行) (6行)

17cm (44针)

符号说明：
╪　短针
2-1-3 行-针-次

□　上针
□=回 下针

↑ 编织方向

单罗纹

118

几何图案毛衣

【成品规格】 衣长42cm，下摆宽39cm，肩宽27cm，袖长38cm

【工　　具】 10号棒针、缝衣针

【编织密度】 22针×30行=10cm²

【材　　料】 黑色、红色、夹花米白色羊毛线等各适量

编织要点:

1. 毛衣用棒针编织，由1片前片、1片后片、2片袖片组成，从下往上编织。

2. 先编织前片。

(1) 用下针起针法起84针，编织16行双罗纹后，改织全下针，并编入图案和配色，侧缝不用加减针，织62行至袖窿。

(2) 袖窿以上的编织。两边袖窿平收4针后减针，方法是每2行减2针减4次，各减8针，不加不减织40行至肩部。

(3) 同时织至袖窿算起32行时，开始开领窝，中间平收22针，然后两边减针，方法是每2行减1针减8次，各减8针，织至肩部余11针。

3. 编织后片。

(1) 用下针起针法起84针，编织16行双罗纹后，改织全下针，并配色，侧缝不用加减针，织62行至袖窿。

(2) 袖窿以上的编织。两边袖窿平收4针后减针，方法是每2行减2针减4次，各减8针，不加不减织40行至肩部。不用开领窝，至肩部余60针。

4. 袖片编织。用下针起针法起36针，织16行双罗纹后，改织全下针，并配色，袖下加针，方法是每4行加1针加14次，织至62行时，两边平收4针，开始袖山减针，方法是每2行减1针减18次，至顶部余20针。

5. 缝合。将前片的侧缝与后片的侧缝对应缝合。前片的肩部与后片的肩部缝合，两边袖片的袖下缝合后，分别与衣片的袖边缝合。

6. 领圈边编织。领圈边挑92针，圈织16行双罗纹，形成圆领。毛衣编织完成。

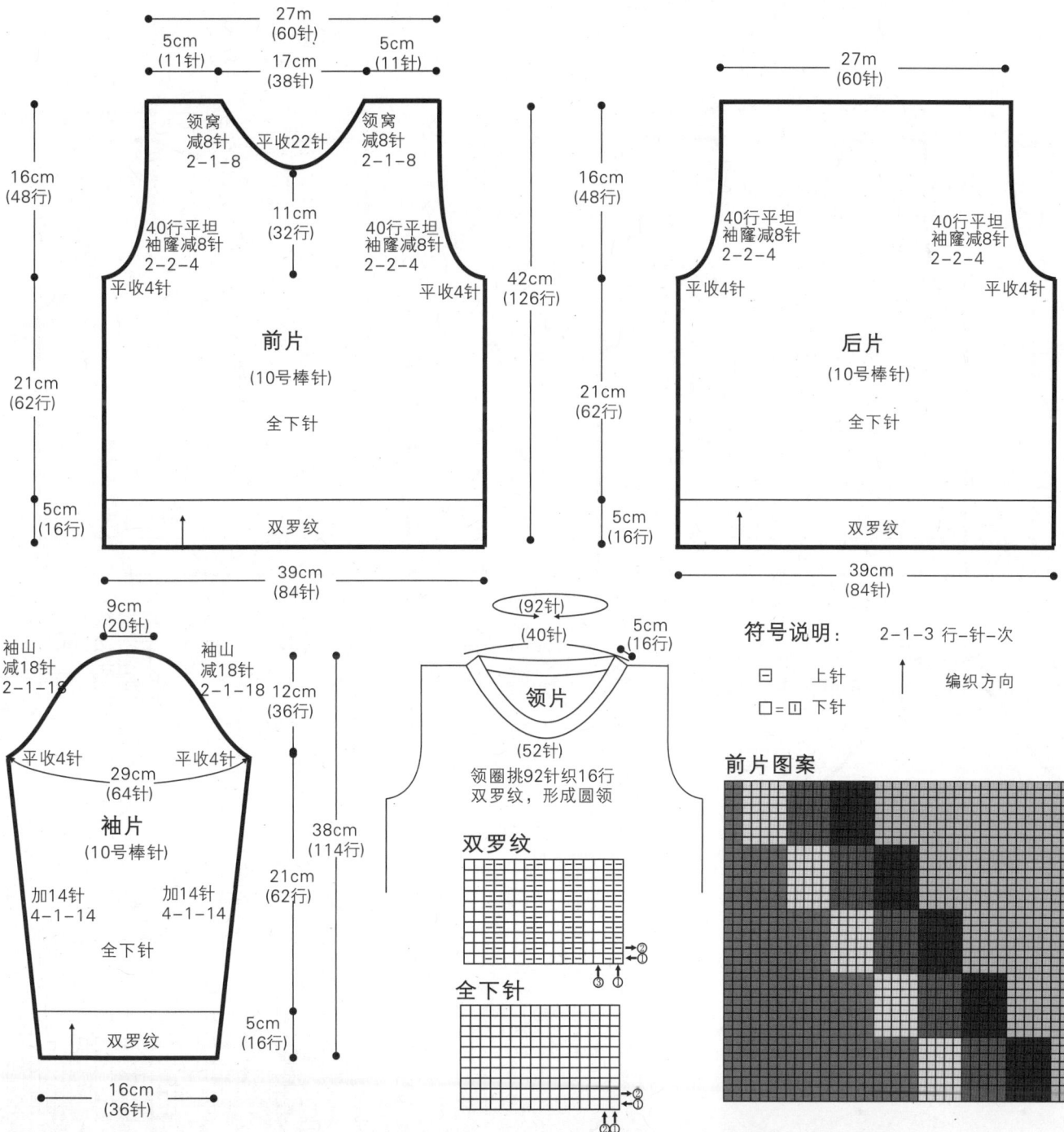

前片（10号棒针）全下针

- 27m（60针）
- 5cm（11针） 17cm（38针） 5cm（11针）
- 领窝 减8针 2-1-8 平收22针 领窝 减8针 2-1-8
- 16cm（48行）
- 40行平坦 袖窿减8针 2-2-4
- 平收4针
- 11cm（32行）
- 42cm（126行）
- 21cm（62行）
- 平收4针
- 5cm（16行）双罗纹
- 39cm（84针）

后片（10号棒针）全下针

- 27m（60针）
- 16cm（48行）
- 40行平坦 袖窿减8针 2-2-4
- 平收4针 平收4针
- 21cm（62行）
- 5cm（16行）双罗纹
- 39cm（84针）

袖片（10号棒针）全下针

- 9cm（20针）
- 袖山 减18针 2-1-18 袖山 减18针 2-1-18
- 平收4针 平收4针
- 29cm（64针）
- 12cm（36行）
- 38cm（114行）
- 21cm（62行）
- 加14针 4-1-14 加14针 4-1-14
- 5cm（16行）双罗纹
- 16cm（36针）

领片

- （92针）
- （40针）
- 5cm（16行）
- （52针）
- 领圈挑92针织16行双罗纹，形成圆领

双罗纹

全下针

符号说明： 2-1-3 行-针-次

□ 上针

□=⊡ 下针

↑ 编织方向

前片图案

119

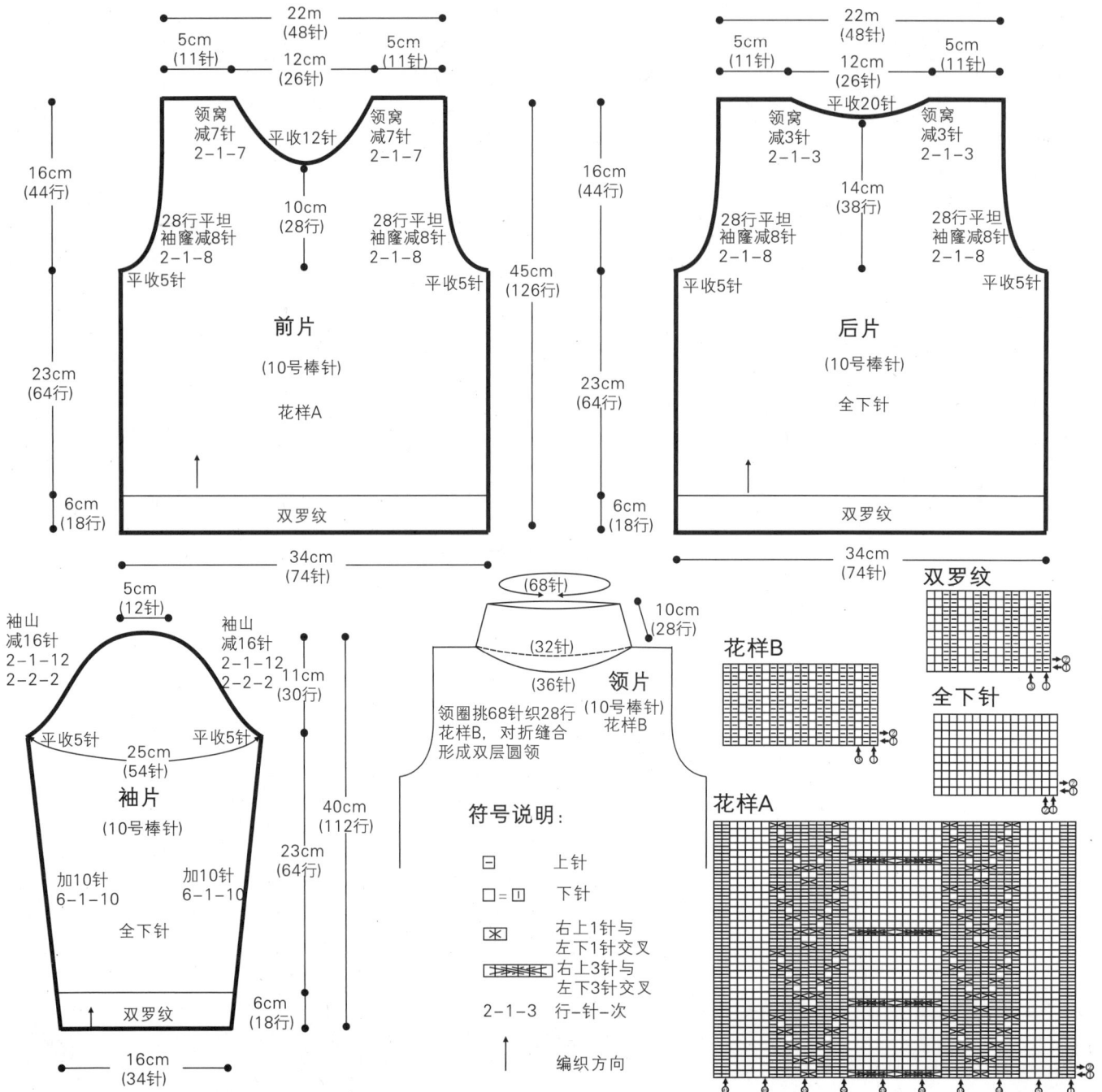

绿色麻花装

【成品规格】 衣长45cm，下摆宽34cm，肩宽 22cm，袖长40cm

【工 具】 10号棒针、缝衣针

【编织密度】 22针×28行=10cm²

【材 料】 绿色羊毛线400g

编织要点:

1. 毛衣用棒针编织，由1片前片、1片后片、2片袖片组成，从下往上编织。

2. 先编织前片。

(1) 用下针起针法起74针，编织18行双罗纹后，改织花样A，侧缝不用加减针，织64行至袖隆。

(2) 袖隆以上的编织。两边袖隆平收5针后减针，方法是每2行减1针减8次，各减8针，不加不减织28行至肩部。

(3) 同时织至从袖隆算起28行时，开始开领窝，中间平收

12针，然后两边减针，方法是每2行减1针减7次，各减7针，织16行至肩部余11针。

3. 编织后片。

(1) 用下针起针法起74针，编织18行双罗纹后，改织全下针，侧缝不用加减针，织64行至袖隆。

(2) 袖隆以上的编织。两边袖隆平收5针后减针，方法是每2行减1针减8次，各减8针，不加不减织28行至肩部。

(3) 同时织至从袖隆算起38行时，开始开领窝，中间平收20针，然后两边减针，方法是每2行减1针减3次，至6行肩部余11针。

4. 袖片编织。用下针起针法起34针，织18行双罗纹后，改织全下针，袖下加针，方法是每6行加1针加10次，织至64行时，两边平收5针，开始袖山减针，方法是每2行减2针减2次，每2行减1针减12次，至顶部余12针。

5. 缝合。将前片的侧缝与后片的侧缝对应缝合。前片的肩部与后片的肩部缝合，两边袖片的袖下缝合后，分别与衣片的袖边缝合。

6. 领片编织。领圈边挑68针，圈织28行花样B，对折缝合，形成双层圆领。毛衣编织完成。

前片 (10号棒针) 花样A

- 22m（48针）
- 5cm（11针）
- 12cm（26针）
- 5cm（11针）
- 领窝 减7针 2-1-7
- 平收12针
- 领窝 减7针 2-1-7
- 10cm（28行）
- 16cm（44行）
- 28行平坦 袖隆减8针 2-1-8
- 28行平坦 袖隆减8针 2-1-8
- 平收5针
- 平收5针
- 45cm（126行）
- 23cm（64行）
- 16cm（44行）
- 23cm（64行）
- 6cm（18行）
- 双罗纹
- 34cm（74针）

后片 (10号棒针) 全下针

- 22m（48针）
- 5cm（11针）
- 12cm（26针）
- 5cm（11针）
- 平收20针
- 领窝 减3针 2-1-3
- 领窝 减3针 2-1-3
- 14cm（38行）
- 28行平坦 袖隆减8针 2-1-8
- 28行平坦 袖隆减8针 2-1-8
- 平收5针
- 平收5针
- 6cm（18行）
- 双罗纹
- 34cm（74针）

袖片 (10号棒针)

- 5cm（12针）
- 袖山 减16针 2-1-12 2-2-2
- 袖山 减16针 2-1-12 2-2-2
- 平收5针
- 平收5针
- 25cm（54针）
- 11cm（30行）
- 40cm（112行）
- 23cm（64行）
- 加10针 6-1-10
- 加10针 6-1-10
- 全下针
- 双罗纹
- 6cm（18行）
- 16cm（34针）

领片 (10号棒针) 花样B

- （68针）
- （32针）
- （36针）
- 10cm（28行）
- 领圈挑68针织28行 花样B，对折缝合 形成双层圆领

双罗纹

花样B

全下针

花样A

符号说明:

符号	说明
□	上针
□=□	下针
⊠	右上1针与 左下1针交叉
▱	右上3针与 左下3针交叉
2-1-3	行-针-次
↑	编织方向